高职高专
名校名师精品"十三五"规划教材

U0160335

Android Studio Mobile Application Development

Android Studio
移动应用开发任务教程

微课版

李斌◎主编

肖正兴 张霞◎副主编

人民邮电出版社

北　京

图书在版编目（CIP）数据

Android Studio移动应用开发任务教程：微课版 /
李斌主编. -- 北京 ：人民邮电出版社，2020.2（2022.11重印）
高职高专名校名师精品"十三五"规划教材
ISBN 978-7-115-52093-7

Ⅰ．①A… Ⅱ．①李… Ⅲ．①移动终端－应用程序－
程序设计－高等职业教育－教材 Ⅳ．①TN929.53

中国版本图书馆CIP数据核字(2019)第211985号

内 容 提 要

本书较为全面地介绍了在 Android Studio 开发环境下进行移动应用开发的一般步骤和方法。全书
共 6 章，包括 Android 概述、Android 基本 UI 控件、Android 高级 UI 控件、Android 本地存储、服
务与广播、网络通信。

本书适合作为高职高专院校计算机相关专业的教材，也可作为计算机培训班的教材，还可供具
备初步面向对象程序设计基础并基本掌握 Java 基本语法的读者自学参考。

◆ 主　编 李　斌
　　副主编　肖正兴　张　霞
　　责任编辑　左仲海
　　责任印制　王　郁　马振武

◆ 人民邮电出版社出版发行　　北京市丰台区成寿寺路 11 号
　　邮编　100164　电子邮件　315@ptpress.com.cn
　　网址　http://www.ptpress.com.cn
　　北京天宇星印刷厂印刷

◆ 开本：787×1092　1/16
　　印张：15.5　　　　　　　　2020 年 2 月第 1 版
　　字数：381 千字　　　　　　2022 年 11 月北京第 5 次印刷

定价：49.80 元

读者服务热线：(010)81055256　印装质量热线：(010)81055316
反盗版热线：(010)81055315
广告经营许可证：京东市监广登字 20170147 号

前 言 FOREWORD

随着移动互联网的快速发展，移动应用开发成为程序开发的一个重要方向，而 Android 系统因其在开放性和易用性上的突出优势，不仅在智能手机领域占据重要地位，还逐渐拓展到平板电脑、机顶盒、车载电脑、穿戴设备等移动终端领域中。近年来，基于 Android 的应用开发成为市场的热点。

本书针对每一章的学习目标，精心选择项目案例，突出项目的完整性和实用性，避免多个小案例的简单堆砌，使读者在学习过程中能够接触到较大的代码量，从而有效提升读者的开发和调试能力。

本书在内容安排上采用了循序渐进的方式，在项目选择上由简单到复杂、由单一功能向综合应用逐层递进。编者将每个具体项目进行了精心解构，将其分解为若干个任务。每个任务包含任务简介、相关知识和任务实施 3 部分，目标明确、重点突出、实施步骤清晰、实现难度适中，帮助读者由任务入手，逐步深入，最终完成较为综合的项目，实现开发能力由量变到质变的提升。

通过对项目的学习和训练，读者不仅能够掌握 Android 应用开发的一般步骤和过程，还能够有效提升针对较为复杂的 Android 应用的开发和调试能力，从而初步达到 Android 应用开发程序员的要求。

本书的参考学时为 48～64 学时，课程内容和参考学时分配如下。

学时分配表

章	课程内容	参考学时
第 1 章	Android 概述	2
第 2 章	Android 基本 UI 控件	4～6
第 3 章	Android 高级 UI 控件	14～18
第 4 章	Android 本地存储	12～14
第 5 章	服务与广播	8～12
第 6 章	网络通信	8～12
学时总计		48～64

本书所有案例均基于 Android Studio 开发环境进行编写，且在 Android 8.0 环境下调试通过。每个任务都配有详细的开发步骤及相应的操作视频，方便读者自学。

本书由李斌任主编，由肖正兴、张霞任副主编，李斌负责统编全稿。

由于编者水平有限，加之时间仓促，书中的疏漏和不足之处在所难免，恳请各位读者提出宝贵意见。

编 者
2019 年 9 月

目录 CONTENTS

第 1 章 Android 概述

学习目标

- 了解 Android 的发展和历史。
- 掌握 Android Studio 的安装。
- 熟悉 Android Studio 开发环境，并了解常用的设置。
- 开发第一个 Android 应用。

Android 系统是 Google 开发的一款开源移动 OS，Android 的中文名为"安卓"。Android 操作系统基于 Linux 内核设计，使用了 Google 公司自己开发的 Dalvik 虚拟机。目前，Android 操作系统不仅是全球最大的智能手机操作系统，还广泛应用于平板电脑、电视、手表及各种可穿戴设备。

1.1　Android 的发展和历史

Android 操作系统最初由 Andy Rubin 开发，起初主要支持手机。2005 年，Google 收购了 Android 并进行注资，组建了开放手机联盟对 Android 进行开发改良，使其逐渐扩展到其他领域中。目前，Android 的主要竞争对手是苹果公司的 iOS。

1.1.1　Android 版本简介

Android 版本升级速度很快，目前已推出 10.0 版本，每个版本均有一个开发代号和与之对应的 API 级别。所谓 API 级别就是对 Android 平台版本提供的框架 API 修订版进行唯一标识的整数值。Android 各版本代号及 API 等级如表 1-1 所示。仔细观察表 1-1，可以发现一件有趣的事情，即从 Android 1.5 开始到 Android 9.0，每个发布代号都是一个甜品名称，从字母 C 开始顺序向后排。

表 1-1　Android 各版本代号及 API 等级

Android 版本	开发代号	API 级别	备注
Android 1.0	无代号	API Level 1	
Android 1.1	Petit Four（花式小蛋糕）	API Level 2	
Android 1.5	Cupcake（纸杯蛋糕）	API Level 3	
Android 1.6	Donut（甜甜圈）	API Level 4	

续表

Android 版本	开发代号	API 级别	备注
Android 2.0/2.1	Eclair（松饼）	API Level 5~7	
Android 2.2	Froyo（冻酸奶）	API Level 8	
Android 2.3	Gingerbread（姜饼）	API Level 9、10	
Android 3.0/3.1/3.2	Honeycomb（蜂巢）	API Level 11~13	平板专用
Android 4.0	Ice Cream Sandwich（冰激凌三明治）	API Level 14、15	
Android 4.1/4.2/4.3	Jelly Bean（果冻豆）	API Level 16~18	
Android 4.4	KitKat（巧克力棒）	API Level 19、20	
Android 5.0/5.1	Lolipop（棒棒糖）	API Level 21、22	
Android 6.0	Marshmallow（棉花糖）	API Level 23	
Android 7.0/7.1	Nougat（牛轧糖）	API Level 24、25	
Android 8.0/8.1	Oreo（奥利奥）	API Level 26、27	
Android 9.0	Pie（派）	API Level 28	
Android 10.0	Q	API Level 29	

本书将以 Android 8.0 为开发平台，该版本不仅功能强大，还十分高效、稳定，已成为目前大多数主流机型采用的平台。

1.1.2　Android 体系结构

Android 和其他操作系统一样，体系结构采用了分层的架构，如图 1-1 所示。从低层到高层分别是 Linux 内核（Linux Kernel）、原生库（Libraries）及 Android 运行时（Android Runtime）、应用程序框架层（Application Framework）和应用程序层（Application）。

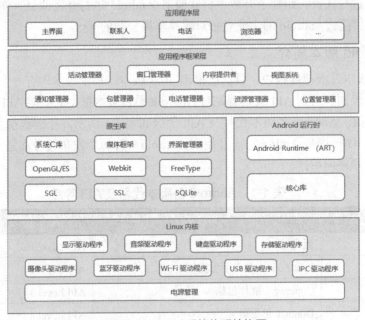

图 1-1　Android 系统体系结构图

1．Linux 内核

Android 是一种基于 Linux 的开放源代码软件栈，为各类设备和机型而创建。Android 的核心系统服务依赖于 Linux 内核，如安全性、内存管理、进程管理、网络协议栈和驱动模型等。

2．原生库及 Android 运行时

（1）原生库（Libraries）：Android 中许多核心系统组件和服务（如 ART 和 HAL）构建自原生代码，需要以 C 和 C++编写原生库，这些库能被 Android 系统中不同的组件使用，通过 Android 应用程序框架为开发者提供服务。以下是一些核心库。

① 系统 C 库（Libc）：Libc 是原生库中最基本的函数库，封装了 io、文件、socket 等基本系统调用，它是专门为基于 Embedded Linux 的设备定制的。

② 媒体框架（Media Framework）：基于 PacketVideo OpenCore，该库支持多种常用格式的音频、视频回放和录制，同时支持静态图像文件。其编码格式包括 MPEG4、H.264、MP3、AAC、AMR、JPG、PNG。

③ 界面管理器（Surface Manager）：对显示子系统进行管理，并且为多个应用程序提供 2D 和 3D 图层的无缝融合。

④ OpenGL/ES：是 OpenGL 三维图形 API 的子集，针对手机、游戏主机等嵌入式设备而设计。

⑤ Webkit：一个最新的 Web 浏览器引擎，支持 Android 浏览器和可嵌入的 Web 视图。

⑥ FreeType：位图（Bitmap）和矢量（Vector）字体显示。

⑦ SGL：底层的 2D 图形引擎。

⑧ SSL：为数据通信安全提供支持。

⑨ SQLite：一个对于所有应用程序可用、功能强劲的轻型关系型数据库引擎。

（2）Android 运行时（Android Runtime）：Android 运行时包括了一个核心库和 Android Runtime（ART），其中，核心库提供了 Java 编程语言核心库的大多数功能。而 Android Runtime（ART）是 Android 上的应用和部分系统服务使用的托管式运行时。ART 及其前身 Dalvik 虚拟机最初都是专为 Android 项目打造的，都可运行 DEX 格式的可执行文件，但 ART 引入了预先编译机制，并对垃圾回收和开发调试做了大量优化，相较于 Dalvik 虚拟机可有效提升应用性能和稳定性。因此，对于 Android 5.0（API 级别 21）及更高的版本，Android Runtime（ART）已经取代了 Dalvik 虚拟机。

3．应用程序框架层

应用程序框架层是从事 Android 开发的基础，很多核心应用程序都是通过这一层来实现其核心功能的，该层简化了组件的重用，开发人员可以直接使用其提供的组件来快速进行应用程序开发，也可以通过继承来实现个性化的拓展。

① 活动管理器（Activity Manager）：管理各个应用程序生命周期及导航回退功能。

② 窗口管理器（Window Manager）：管理所有的窗口程序。

③ 内容提供者（Content Provider）：使得不同应用程序之间可以存取或者分享数据。

④ 视图系统（View System）：构建应用程序的基本组件。

⑤ 通知管理器（Notification Manager）：使得应用程序可以在状态栏中显示自定义的提示信息。

⑥ 包管理器（Package Manager）：管理 Android 系统中的程序。

⑦ 电话管理器（Telephony Manager）：管理所有的移动设备功能。

⑧ 资源管理器（Resource Manager）：提供应用程序使用的各种非代码资源，如本地化字符串、图片、布局文件、颜色文件等。

⑨ 位置管理器（Location Manager）：提供位置服务。

4. 应用程序层

Android 是以 Linux 为核心的手机操作平台，作为一款开放式的操作系统，随着其快速发展，如今其已允许开发者使用多种编程语言来开发 Android 应用程序，而不再是以前只能使用 Java 开发 Android 应用程序。因此，Android 受到了众多开发者的欢迎。

1.2　任务 1　安装 Android Studio

1. 任务简介

Android Studio 是基于 IntelliJ IDEA 开发的、Google 官方推荐的 Android 开发 IDE（Integrated Development Environment，集成开发环境）。本书将使用 Android Studio 2.3.3 开发环境。

（1）操作系统：Windows 7 64 位操作系统。

（2）JDK：JDK 1.8 或以上。

（3）Android Studio：Android Studio 2.3.3。

2. 相关知识

Android Studio 是 Google 推出的一款基于 IntelliJ IDEA 的 Android 集成开发工具，其主要特点如下。

（1）它基于 Gradle 构建支持。

（2）它是 Android 专属的重构和快速修复工具。

（3）它提供了提示工具，以捕获性能、可用性、版本兼容性等问题。

（4）它支持 ProGuard 和应用签名。

（5）它基于模板的向导来生成常用的 Android 应用设计和组件。

（6）它是功能强大的布局编辑器，用户可拖动 UI 控件并进行效果预览。

V1-1　安装
Android Studio

3. 任务实施

（1）确认操作系统的版本，下载对应的 JDK 版本。本书采用的操作系统为 Windows 7 64 位，所以需要下载 JDK1.8 64 位版本，下载地址为 http://www.oracle.com/technetwork/java/javase/downloads/jdk8-downloads-2133151.html。

（2）下载 Android Studio 2.3.3 及 SDK 安装包，官方下载地址为 https://dl.google.com/dl/android/studio/install/2.3.3.0/android-studio-bundle-162.4069837-windows.exe。

（3）下载完成后，双击 Android Studio 的安装文件，进入其安装界面，如图 1-2 所示。

图 1-2　Android Studio 安装界面

（4）单击"Next"按钮，进入选择安装组件界面，如图 1-3 所示。

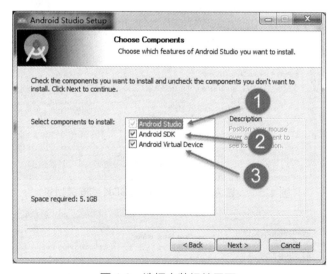

图 1-3　选择安装组件界面

图 1-3 中，①是 Android Studio 主程序，必选；②是 Android SDK，需要安装 Android 5.0 的 SDK，故也应勾选；③是虚拟机，如果需要在计算机中使用虚拟机调试程序，则应勾选。

（5）单击"Next"按钮，进入协议许可界面，单击"I Agree"按钮，如图 1-4 所示。

（6）设置 Android Studio 和 SDK 的安装目录，如图 1-5 所示。

（7）单击"Next"按钮，进入选择开始菜单界面，如图 1-6 所示。

（8）单击"Install"按钮，依次单击"Next"按钮，按照默认设置完成安装，如图 1-7 所示。

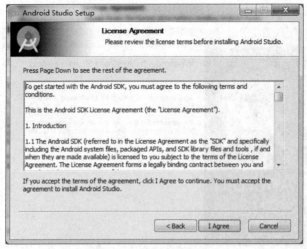

图 1-4　协议许可界面

图 1-5　设置 Android Studio 和 SDK 的安装目录

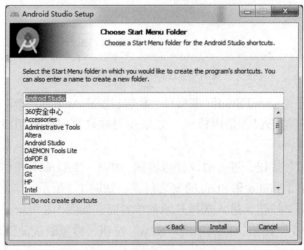

图 1-6　选择开始菜单界面

图 1-7　完成安装

1.3　任务 2　配置 Android Studio

1. 任务简介

本任务将对 Android Studio 进行个性化设置，使其更符合开发习惯。

2. 相关知识

Android Studio 可通过 SDK 配置，根据需要选择下载相应版本的 SDK。

Android Studio 自带有两种主题，分别是 IntelliJ 和 Darcula，用户可依据喜好自由选择，如果对这两种主题均不满意，则可以进入网站 http://color-themes.com/来获取第三方主题。

此外，可以通过设置面板，对字体大小、代码自动提示功能、常用快捷键及版本更新等多种设置进行个性化调整，以配置符合程序员个性化需求的开发环境。

V1-2　配置
Android Studio

3. 任务实施

（1）下面来配置 Android SDK。选择 "File" → "Settings" → "System Settings" 选项，选择需要的 SDK 版本，这里选择 Android 8.0，如图 1-8 所示，单击 "OK" 按钮，开始安装。

（2）修改主题。选择 "File" → "Settings" → "Appearance" 选项，在界面中的 "Theme" 下拉列表中选择 "IntelliJ" 选项，如图 1-9 所示。

（3）修改代码字体及大小。选择 "File" → "Settings" → "Editor" → "Colors&Fonts" → "Font" 选项，按图 1-10 进行设置。

（4）关闭自动更新功能，如图 1-11 所示。

（5）添加 API 文档自动悬浮提示。Android Studio 默认是没有 API 文档自动悬浮提示的，只有按 "Ctrl+Q" 组合键才会出现提示。如果要添加 API 文档的自动悬浮提示，则应按图 1-12 进行设置。

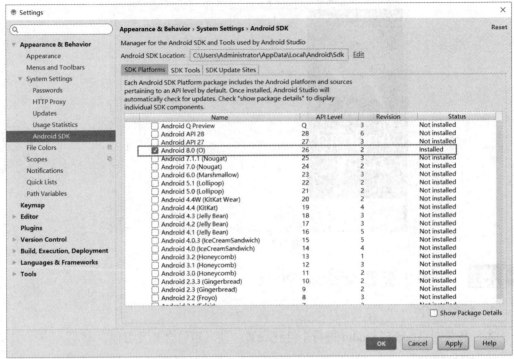

图 1-8　选择需要安装的 SDK 版本

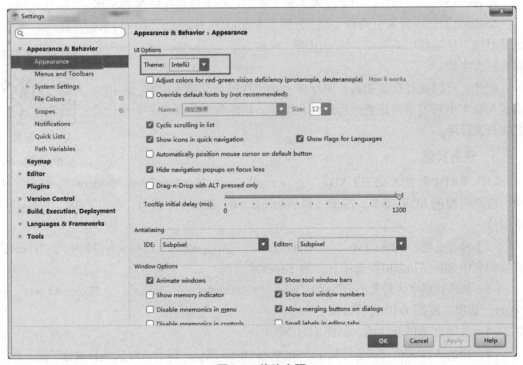

图 1-9　修改主题

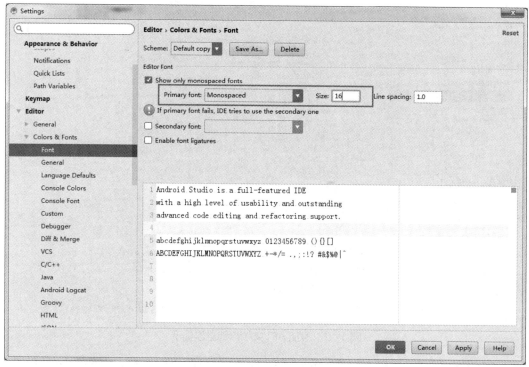

图 1-10 修改代码字体及大小

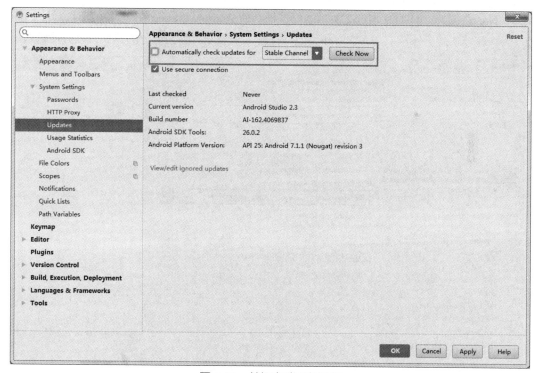

图 1-11 关闭自动更新功能

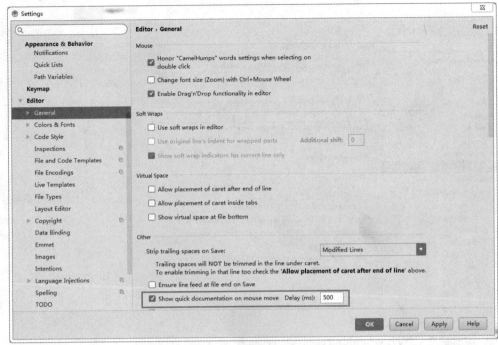

图 1-12　添加 API 文档自动悬浮提示

（6）设置代码的自动提示功能。Android Studio 默认具有代码自动补齐功能，但对字母的大小写敏感。可以通过如下方式将其设置为大小写不敏感，如图 1-13 中的①所示，在下拉列表中选择"None"选项。同时，勾选②所示的复选框，使 Android Studio 在代码补齐时，可以用句点（.）、逗号（,）、分号（;）、空格和其他字符输入来触发对高亮部分的选择，以方便输入。

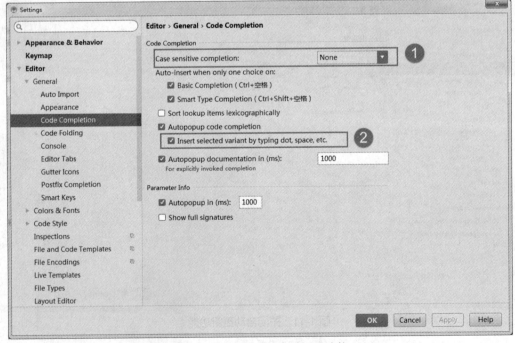

图 1-13　设置代码的自动提示功能

（7）常用快捷键及其功能如下。

① Ctrl+Shift+Space：自动补全代码。

② Alt+Enter：问题自动修正。

③ Alt + Insert：可以生成构造器、Getter/Setter、重写方法等。

④ Ctrl + Alt + T：可以将代码包在一块中，如把指定的代码块用 try/catch 语句包裹起来。

⑤ Ctrl+Alt+Space：类名或接口名提示。

1.4 任务 3 开发第一个 Android 应用

1. 任务简介

本任务将通过创建并运行 HelloWorld 应用，学习如何在 Android Studio 中创建自己的应用，如何配置模拟器，并在模拟器中运行调试程序。HelloWorld 运行效果如图 1-14 所示。

图 1-14　HelloWorld 运行效果

2. 相关知识

（1）Android Studio 项目目录结构

Android Studio 是采用 Gradle 来构建项目的。Gradle 是一个非常先进的项目构建工具，它使用了一种基于 Groovy 的领域特定语言（Domain Specific Language，DSL）来声明项目设置，摒弃了传统的基于 XML（如 Ant 和 Maven）的各种烦琐配置。

打开一个 Android 项目，默认为 Android 视图（常用的项目视图为 Android 和 Project），其目录结构如图 1-15 所示。

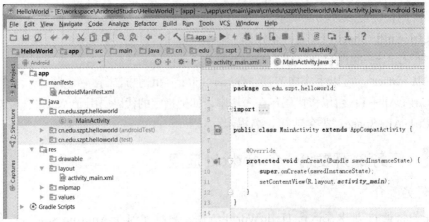

图 1-15　Android 视图中的项目目录结构

① manifests 目录：主要存储 Android 应用的配置信息，如 AndroidManifest.xml。

② java 目录：主要存储源代码和测试代码。

③ res 目录：资源目录，存储所有的项目资源，其下又有许多子目录，如 drawable（存储一些图形的 XML 文件）、layout（存储布局文件）、mipmap（存储应用程序的图标）、values（存储应用程序引用的一些值）。

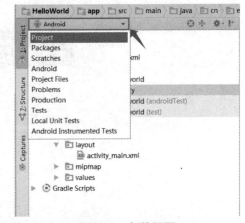

④ Gradle Scripts：存放项目的 Gradle 配置文件。

单击图 1-16 中箭头所指位置，可以切换不同的视图，这里切换到 Project 视图，如图 1-17 所示。

图 1-16　切换视图

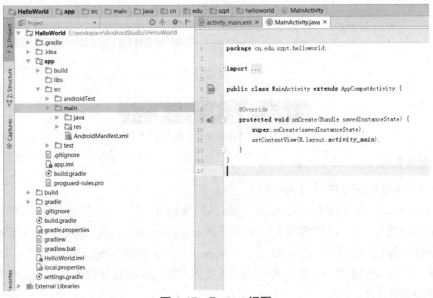

图 1-17　Project 视图

下面对主要目录做简单介绍。

① .idea 目录：存储 Android Studio 集成开发环境所需要的文件。

② .gradle 目录：存储 Gradle 编译系统，版本由 Wrapper 指定。

③ app/build 目录：系统生成的文件目录，最后生成的 APK 文件就在这个目录中，这里存储的是 app-debug.apk。

④ app/libs 目录：存储项目需要添加的*.jar 包或*.so 包等外接库。

⑤ app/src 目录：存储项目的源代码，其中 androidTest 为测试包，main 中为主要的项目目录和代码，test 中为单元测试代码。

⑥ app/build.gradle：app 模块的 Gradle 编译文件。

⑦ app/app.iml：app 模块的配置文件。

⑧ app/proguard-rules.pro：app 模块的 proguard 文件。

⑨ build 目录：代码编译后生成的文件存储的位置。

⑩ gradle 目录：Wrapper 的 JAR 文件和配置文件所在的位置。

⑪ build.gradle：项目的 Gradle 编译文件。

⑫ settings.gradle：定义项目包含哪些模块。

⑬ gradlew：编译脚本，可以在命令行中执行打包功能。

⑭ local.properties：配置 SDK/NDK。

⑮ HelloWorld.iml：项目的配置文件。

⑯ External Libraries：项目依赖的 Lib，编译时自动下载。

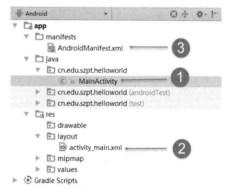

（2）深入了解 3 个重要文件

将项目视图切换到 Android 视图，这里重点分析以下 3 个文件，如图 1-18 所示。

① MainActivity.java：当创建一个新项目时，Android Studio 会询问是否需要创建一个 Activity，默认的名称为 MainActivity.java。该文件定义了一个

图 1-18　Android 应用中的 3 个重要文件

MainActivity 类，继承自 AppCompatActivity。所谓 Activity 通常就是一个单独的屏幕（窗口），大部分程序的流程运行在 Activity 之中。Activity 是 Android 中最基本的模块之一，其基本工作过程如图 1-19 所示，代码如下。

```java
public class MainActivity extends AppCompatActivity {
    @Override
    protected void onCreate(Bundle savedInstanceState) {
        super.onCreate(savedInstanceState);
        setContentView(R.layout.activity_main);
    }
}
```

② activity_main.xml：在 Android 中，通常使用 XML-based Layout 文件来定义 UI，如本项目中的 activity_main.xml，其对应的显示界面如图 1-20 所示。

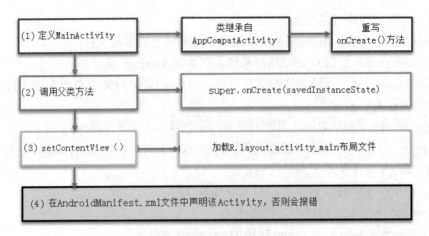

图 1-19　Activity 的基本工作过程

图 1-20　XML 文件对应的显示界面

在 MainActivity 源代码中，通过在 XML 文件中定义的名称来获取该实例。

```
setContentView(R.layout.activity_main);
```

其中，R.layout.activity_main 就是在 R.java 中 R 类定义的 layout 中的 activity_main 变量，对应 res/layout/activity_main.xml 文件。

③ AndroidManifest.xml：这是 Android 应用的入口文件，它描述了 package 中暴露的组件（Activity、Service 等），以及各自的实现类，各种能被处理的数据和启动位置。其除了能声明程序中的 Activity、ContentProvider、Service 和 Receiver 之外，还能指定 permission 和 instrumentation（安全控制和测试）。AndroidManifest.xml 的内容如下。

```
<?xml version="1.0" encoding="utf-8"?>
<manifest xmlns:android="http://schemas.android.com/apk/res/android"
    package="cn.edu.szpt.helloworld">
```

```
<application
        android:allowBackup="true"
        android:icon="@mipmap/ic_launcher"
        android:label="@string/app_name"
        android:roundIcon="@mipmap/ic_launcher_round"
        android:supportsRtl="true"
        android:theme="@style/AppTheme">
<activity android:name=".MainActivity">
<intent-filter>
<action android:name="android.intent.action.MAIN" />
<category android:name="android.intent.category.LAUNCHER" />
</intent-filter>
</activity>
</application>

</manifest>
```

a. application 节：一个 AndroidManifest.xml 中必须含有一个 application 标签，这个标签声明了每一个应用程序的组件及其属性（如 icon、label、permission 等）。

b. activity 节：声明该应用中包含的 Activity，通过其 android:name 属性指定具体的类（如".MainActivity"）。<intent-filter>节指定该 Activity 的过滤器，这里设置该 Activity 组件为默认启动类，当程序启动时，系统会自动调用它。

（3）Android 的四大组件

Android 的四大组件为 Activity、Service、ContentProvider 和 BroadcastReceiver。

① Activity：一个 Activity 通常就是一个单独的屏幕（窗口）。Android 应用中每一个 Activity 都必须要在 AndroidManifest.xml 配置文件中声明，否则系统将不识别也不执行该 Activity。Activity 之间通过 Intent 进行通信。

② Service：Service 通常在后台运行，一般不需要与用户交互，因此 Service 组件没有图形用户界面，其通常用于为其他组件提供后台服务或监控其他组件的运行状态。每个 Service 必须在 manifest 中通过<service>来声明。

③ ContentProvider：Android 平台提供了 ContentProvider 机制，可以使一个应用程序将指定的数据集提供给其他应用程序，而其他应用程序可以通过 ContentResolver 类从该内容提供者中获取数据或存入数据。ContentProvider 使用 URI 来唯一标识其数据集，这里的 URI 以 content://作为前缀，表示该数据由 ContentProvider 来管理。

④ BroadcastReceiver：它用于异步接收广播 Intent。使用户可以对感兴趣的外部事件（如当电话呼入时，或者数据网络可用时）进行接收并做出响应。BroadcastReceiver 没有用户界面，但它可以启动一个 Activity 或 Service 来响应收到的信息，或者用 NotificationManager 来通知用户。

V1-3 开发第一个 Android 应用

3. 任务实施

（1）选择"File"→"New"→"New Project"选项，系统打开"Create New Project"

对话框，如图 1-21 所示。设置好应用名（Application name）、域名（Company domain）和路径（Project location）之后，单击"Next"按钮即可。

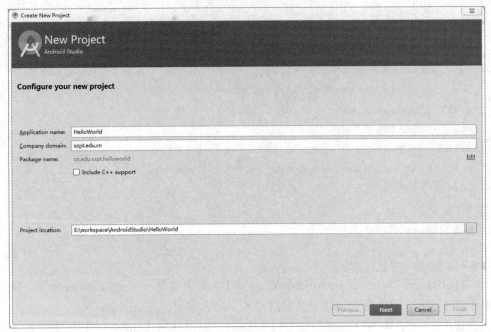

图 1-21 "Create New Project"对话框

（2）选择 Minimum SDK 为 Android 5.0，如图 1-22 所示，单击"Next"按钮，进入下一步操作。

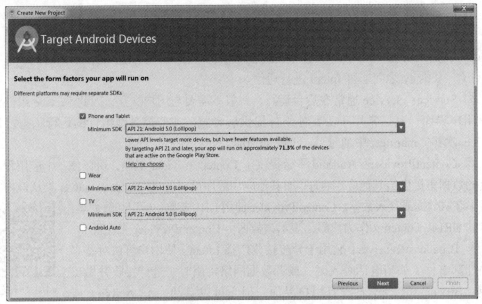

图 1-22 选择 Minimum SDK 为 Android 5.0

（3）选择"Empty Activity"选项，向项目中加入空白 Activity，如图 1-23 所示，单击"Next"按钮，进入下一步操作。

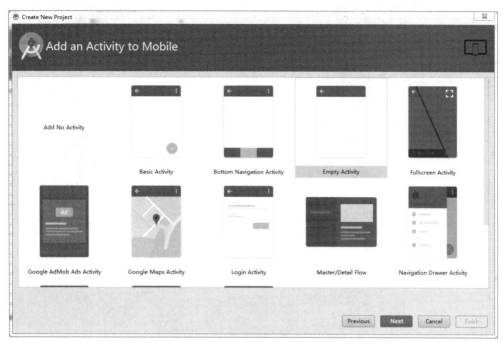

图 1-23　向项目中加入空白 Activity

（4）设置 Activity 的名称（Activity Name）和布局文件名（Layout Name）。注意，布局文件名只允许使用小写字母。如图 1-24 所示，单击"Finish"按钮，完成项目的创建。

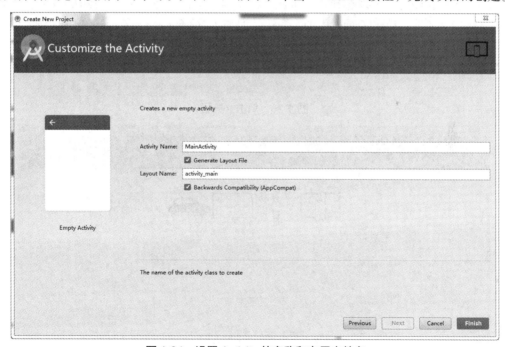

图 1-24　设置 Activity 的名称和布局文件名

（5）如果用户是第一次打开 Android Studio，则需要下载 Gradle，其大小有几十兆字节，下载时间由网速决定。下载完成后进入 Android Studio 开发界面，如图 1-25 所示。

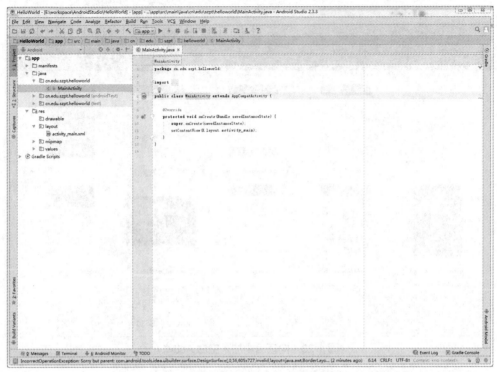

图 1-25　Android Studio 开发界面

（6）运行程序时，可以选择在真机或者模拟器上运行。在本书中，默认使用模拟器调试。具体步骤如下：单击工具栏中的█按钮，如图 1-26 所示，创建 Android 模拟器。系统打开创建模拟器窗口，如图 1-27 所示。

图 1-26　单击█按钮

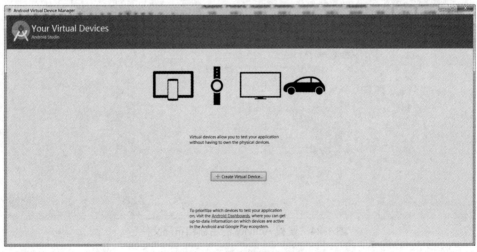

图 1-27　创建模拟器窗口

（7）单击"Create Virtual Device"按钮，按图 1-28 设置模拟器的属性。

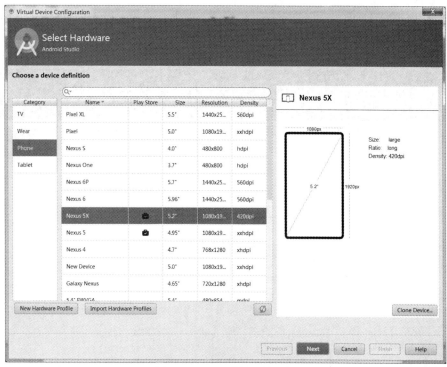

图 1-28　设置模拟器的属性

（8）单击"Next"按钮，选择相应的 System Image 版本，如图 1-29 所示，如果相应版本还没有下载，则应先单击"Download"按钮进行下载。

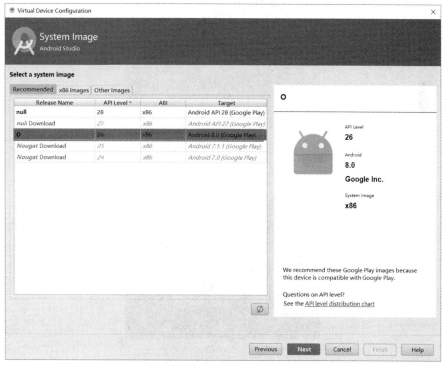

图 1-29　选择相应的 System Image 版本

（9）单击"Next"按钮，设置模拟器名称为"avd"，单击"Finish"按钮完成创建。单击图 1-30 中所框选的按钮，启动模拟器。启动后模拟器如图 1-31 所示。

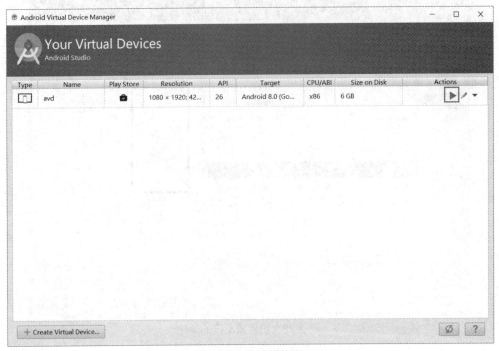

图 1-30　启动模拟器

图 1-31　启动后的模拟器

（10）单击 Android Studio 工具栏中的 ▶ 按钮，运行 HelloWorld 项目，其运行效果如图 1-14 所示。

1.5 课后练习

（1）编写一个程序，在手机上输出"欢迎参加 Android 开发，加油!"。

（2）请上网收集资料，简述 Android 应用的常用开发模式及其优缺点。

第 2 章 Android 基本UI控件

学习目标

- 了解图形用户界面的基本概念。
- 理解高级图形用户界面的组成。
- 熟练使用基本的 Android 控件。
- 熟练使用事件与各种窗口元素。

第 1 章初步了解了 Android 平台的基本架构、开发环境，并编写了第一个应用程序"HelloWorld"。本章将依托仿 QQ 应用 QQDemoV1 来学习 Android 基本 UI 控件的使用。

一个应用程序界面设计的好坏，将直接影响用户使用程序的体验。风格鲜明、使用便捷、设计合理的程序界面是吸引用户的一个重要因素。在传统 PC 中，应用程序的图形界面功能强大，程序员可根据需要，设计出风格各异、千变万化的界面。但对于手机等手持移动设备来说，受其屏幕小、计算能力弱，输入不便等因素制约，Android 平台的图形用户界面无论是可用的窗口、组件类型及使用的方法，还是编程的方式，都与台式机的图形用户界面有很大区别。

图 2-1　登录界面效果

2.1　任务1 实现仿 QQ 登录界面

1. 任务简介

创建 Android Studio 项目 QQDemoV1，完成登录界面的搭建，效果如图 2-1 所示。

2. 相关知识

（1）认识 Activity

Android 应用通常包含一个以上的 Activity，每个 Activity 就相当于一个窗口。

① 创建 Activity。创建 Activity 比较简单，只需继承 Activity 类即可。以下代码展示了如何创建一个新的 Activity。

```
public class MainActivity extends Activity {
    @Override
    protected void onCreate(Bundle savedInstanceState) {
        super.onCreate(savedInstanceState);
    }
```

此时，Activity 将显示一个空窗口，可以将各种视图资源（View 或者 ViewGroup）填充到这个空窗口中，以构建界面。

② Activity 的生命周期。Activity 启动后，首先进入 onCreate()方法，通常在其中定义一些初始化操作。其次，调用 onStart()方法和 onResume()方法，表明该 Activity 启动完成并获得用户输入焦点，真正开始运行了。在运行过程中，如果用户又激活了另一个 Activity，则系统会调用第一个 Activity 的 onPause()方法，让它暂停，如果长时间没有得到再次运行的机会，则会调用 onStop()方法，使其进入停止状态。当该 Activity 再次被激活时，会根据所处状态的不同，调用相应的方法。Activity 生命周期如图 2-2 所示。

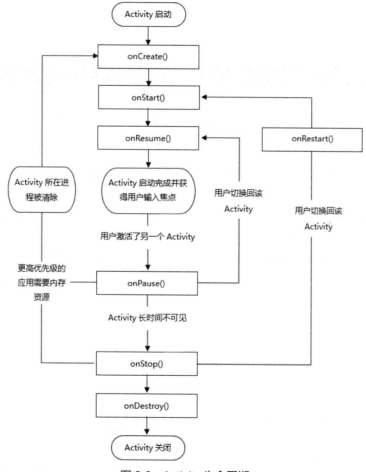

图 2-2 Activity 生命周期

③ Activity 和 AppCompatActivity。AppCompatActivity 是 support.v7 包中用于替代 Activity 的组件，是 Activity 的子类，主要用于兼容 Android 5.0 之后的新特性。图 2-3 显示了两者

之间的区别，其中，图 2-3（a）为使用 AppCompatActivity 的效果，图 2-3（b）为使用 Activity 的效果。

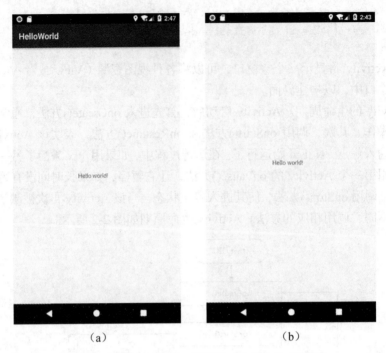

（a）　　　　　　　　　　　（b）

图 2-3　使用 AppCompatActivity 和 Activity 的区别

（2）认识布局

在 Android 平台上，用户界面都是由 View 和 ViewGroup 及其派生类组合而成的。其中，View 是所有 UI 控件的基类，而 ViewGroup 是容纳这些控件的容器，但其本身也是从 View 派生出来的，如图 2-4 所示。View 对象是 Android 平台中最基本的用户界面单元。View 类是"Widgets（控件）"的父类，人们常用的 TextView 和 Button 一类的 UI 控件都属于 Widgets（控件）。ViewGroup 类则是"Layouts（布局）"的父类，它们提供了诸如约束布局（ConstraintLayout）、线性布局（LinearLayout）、帧布局（FrameLayout）等多种布局架构。

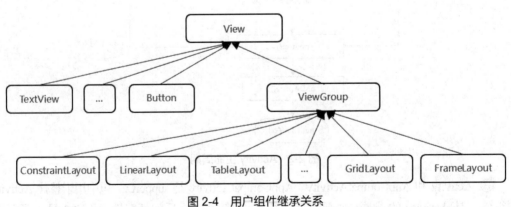

图 2-4　用户组件继承关系

　　在实际应用中，既可以将屏幕上显示的界面元素与构成应用程序主体的程序逻辑混合在一起进行编写，通过代码创建界面，又可以使界面显示与程序逻辑分离，使用 XML 文档来描述和生成界面。

　　① 约束布局（ConstraintLayout）。从 Android Studio 2.3 起，ConstraintLayout 成为用户创建新的 Activity 时的默认根布局，是相对布局（RelativeLayout）的替换版本。通过使用该布局，可以极大地减少复杂布局的嵌套深度，提升运行速度，因此其基本取代了线性布局和相对布局。

　　打开 res/layout/activity_main.xml，主操作区域中有两个类似于手机屏幕的界面，如图 2-5 所示，左边的是预览界面，右边的是蓝图界面。这两部分都可以用于进行布局编辑工作，区别是左边主要用于预览最终的界面效果，右边主要用于观察界面中各个控件的约束情况。

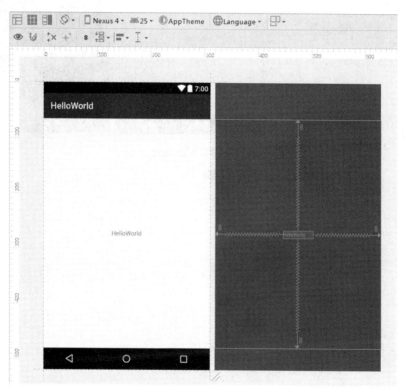

图 2-5　activity_main.xml 主操作区域

　　下面将一个按钮添加进去，放到界面中间"HelloWorld"文字的下方。如图 2-6 所示，从左侧的 Palette 区域中拖动一个 Button 进去，放到界面中间"HelloWorld"文字的下方。此时，Button 已经添加到界面中了，但是由于还没有给 Button 添加任何约束，因此 Button 并不知道自己应该出现在什么位置。现在，在运行界面中看到的 Button 位置并不是其最终运行后的实际位置，运行之后，它会自动位于界面的左上角，如图 2-7 所示。

　　每个控件的约束都分为垂直和水平两类，共可以在 4 个方向上为控件添加约束，对应该控件的 4 个小空心圆圈，如图 2-8 所示。通过鼠标拖动，为其添加上、左、右 3 个方向的约束，其中上方设置固定值 24dip，如图 2-9 所示，运行效果如图 2-10 所示。

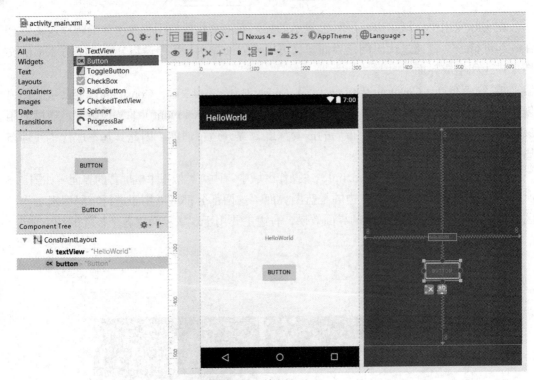

图 2-6　放入 Button

图 2-7　未添加约束时的运行效果

图 2-8　控件可添加约束的 4 个方向

　　此外，约束布局还支持自动添加约束功能，可以极大地简化操作。自动添加约束的方式主要有两种：一种是 AutoConnect，另一种是 Inference。在启用 AutoConnect 时，系统可以根据控件拖动的状态自动判断应该如何添加约束，当然不能保证完全正确，后面还需进行部分调整。要启用 AutoConnect，需要在工具栏中单击 按钮，如图 2-11 所示。

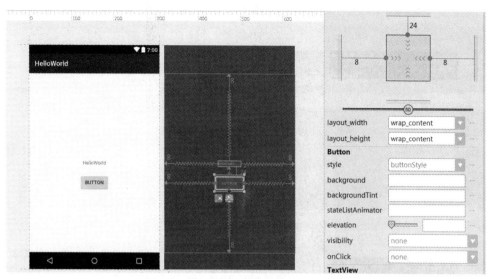

图 2-9　为 Button 添加 3 个方向的约束

图 2-10　添加约束后的运行效果

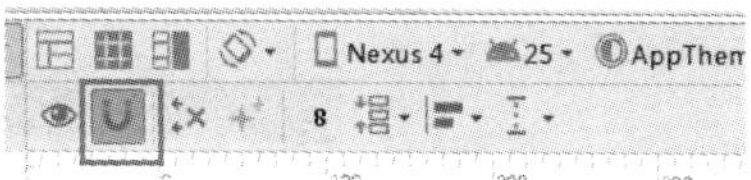

图 2-11　单击█按钮

Inference 也是用于自动添加约束的，但它比 AutoConnect 的功能更加强大，因为 AutoConnect 只能给当前操作的控件自动添加约束，而 Inference 会给当前界面中的所有元素自动添加约束。使用它时，要将控件拖动到合适的位置，如图 2-12 所示，并单击 "InferenceConstraints" 按钮，如图 2-13 所示，系统会自动为多个控件生成约束，自动添加的约束如图 2-14 所示。

以上就是约束布局的基本操作，可见约束布局非常适用于可视化编写布局，通过拖动来设置控件的约束，Android Studio 会自动生成 XML 代码。详细的操作可参照郭霖在 CSDN 中的文章《Android 新特性介绍，ConstraintLayout 完全解析》。

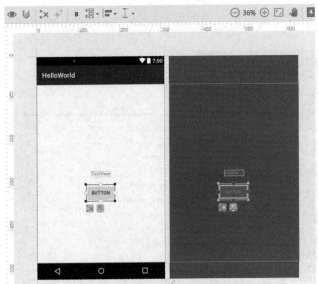

图 2-12　将控件拖动到合适的位置

图 2-13　单击"InferenceConstraints"
　　　　　按钮

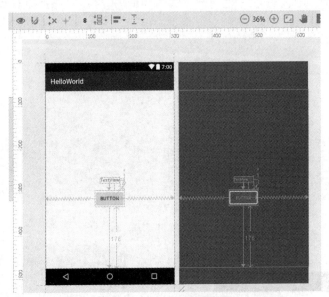

图 2-14　自动添加的约束

　　通过可视化的界面设计，可以实现绝大部分的界面。当然，对于某些情况，仍需要通过 XML 代码来调整。下面介绍一些约束布局的基本属性，如表 2-1 和表 2-2 所示。

表 2-1　描述控件间相互位置关系的属性

属性名称	含义
layout_constraintLeft_toLeftOf	该控件的左边相对于某控件或父布局的左边对齐
layout_constraintLeft_toRightOf	该控件的左边相对于某控件或父布局的右边对齐
layout_constraintRight_toLeftOf	该控件的右边相对于某控件或父布局的左边对齐

续表

属性名称	含义
layout_constraintRight_toRightOf	该控件的右边相对于某控件或父布局的右边对齐
layout_constraintTop_toTopOf	该控件的顶边相对于某控件或父布局的顶边对齐
layout_constraintTop_toBottomOf	该控件的顶边相对于某控件或父布局的底边对齐
layout_constraintBottom_toTopOf	该控件的底边相对于某控件或父布局的顶边对齐
layout_constraintBottom_toBottomOf	该控件的底边相对于某控件或父布局的底边对齐
layout_constraintBaseline_toBaselineOf	该控件的水平基准线相对于某控件或父布局的水平基准线对齐
layout_constraintStart_toStartOf	该控件的开始部分相对于某控件或父布局的开始部分对齐
layout_constraintStart_toEndOf	该控件的开始部分相对于某控件或父布局的结束部分对齐
layout_constraintEnd_toStartOf	该控件的结束部分相对于某控件或父布局的开始部分对齐
layout_constraintEnd_toEndOf	该控件的结束部分相对于某控件或父布局的结束部分对齐

表 2-2　描述边距的属性

属性名称	含义
layout_marginStart	设置控件距离开头的边距
layout_marginEnd	设置控件距离结尾的边距
layout_marginLeft	设置控件距离左边的边距
layout_marginRight	设置控件距离右边的边距
layout_marginTop	设置控件距离顶边的边距
layout_marginBottom	设置控件距离底边的边距

② 线性布局（LinearLayout）。线性布局是 Android 中常用的布局之一，它将自己包含的子元素按照一个方向进行排列，即按水平或竖直方向排列，通过 android:orientation 属性进行设置。其中，android:orientation="horizontal"表示将包含的子元素按照水平方向排列；android:orientation="vertical"表示将包含的子元素按照竖直方向排列。线性布局的常用属性如表 2-3 所示。

表 2-3　线性布局的常用属性

属性名称	含义
layout_weight	用于给一个线性布局中的诸多视图的重要程度赋值。所有的视图都有一个 layout_weight 值，默认为零。若为其赋一个高于零的值，则将父视图中的可用空间分割，具体分割大小取决于每一个视图的 layout_weight 值以及相应的 layout_width 值
layout_width	用于指定组件的宽度，主要取值有两种：fill_parent（宽度占满整个屏幕）、wrap_content（根据内容设置宽度）
layout_height	用于指定组件的高度，主要取值有两种：fill_parent（高度占满整个屏幕），wrap_content（根据内容设置高度）

下面通过一个简单的例子来展示线性布局的使用。参照第 1 章的相关介绍，创建名为 Ex02_layout 的项目，右键单击 res/layout 目录，在弹出的快捷菜单中选择"New"→"XML"→"Layout XML File"选项，如图 2-15 所示。系统打开对话框，输入文件名"activity_linearlayout"，Root Tag 为"LinearLayout"，如图 2-16 所示。

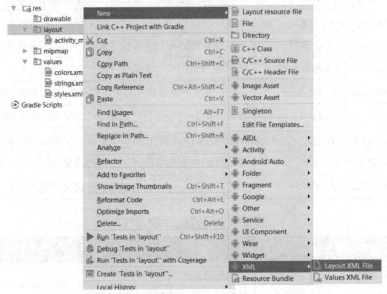

图 2-15　选择"Layout XML File"选项

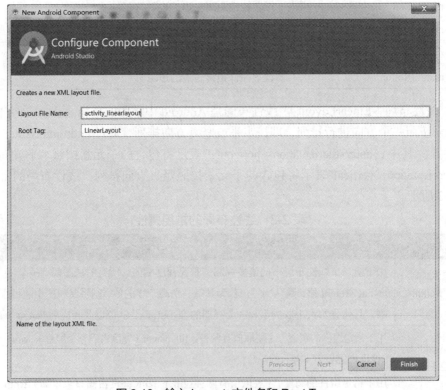

图 2-16　输入 Layout 文件名和 Root Tag

打开 activity_linearlayout.xml，输入如下代码。

```xml
<?xml version="1.0" encoding="utf-8"?>
<LinearLayout xmlns:android="http://schemas.android.com/apk/res/android"
    android:layout_width="fill_parent"
    android:layout_height="fill_parent"
    android:orientation="horizontal">
<TextView
        android:id="@+id/textView1"
        android:layout_width="fill_parent"
        android:layout_height="fill_parent"
        android:layout_weight="1"
        android:background="#FF0000" />
<TextView
        android:id="@+id/textView2"
        android:layout_width="fill_parent"
        android:layout_height="fill_parent"
        android:layout_weight="1"
        android:background="#00FF00" />
<TextView
        android:id="@+id/textView3"
        android:layout_width="fill_parent"
        android:layout_height="fill_parent"
        android:layout_weight="1"
        android:background="#0000FF" />
</LinearLayout>
```

修改 MainActivity.java 的代码，设置 Activity 的界面为这里所编写的 XML 文件。

```java
public class MainActivity extends AppCompatActivity {
    @Override
protected void onCreate(Bundle savedInstanceState) {
super.onCreate(savedInstanceState);
        setContentView(R.layout.activity_linearlayout);
    }
}
```

单击运行按钮，运行效果如图 2-17 所示。在本例中，最外层的布局为水平线性布局，依次向该布局中加入 3 个 TextView，并分别设置 TextView 的背景色为红、绿、蓝。由于布局为水平线性布局，所以显示的效果为 3 个 TextView 控件横向排列，通过指定每个控件的 android:layout_weight 属性均为 1，保证 3 个控件的宽度相等，即其均分整个屏幕。

③ 表格布局（TableLayout）。表格布局就是以表格形式来放置 UI 组件的一种布局，通过行和列来标识一个组件的位置。其实 Android 的表格布局和 HTML 中的表格布局非常类似，TableRow 就像 HTML 表格的<tr>标记。表格布局的常用属性如表 2-4 所示。

图 2-17　LinearLayout 运行效果

表 2-4　表格布局的常用属性

属性名称	含义
shrinkColumns	设置表格的列是否收缩（列编号从 0 开始，下同），多列用逗号隔开（下同），如 android:shrinkColumns="0,1,2"即表示表格的第 1、2、3 列的内容是收缩的，以适合屏幕，不会挤出屏幕
collapseColumns	设置表格的列是否隐藏
stretchColumns	设置表格的列是否拉伸。其效果是，在其他列可以完整显示时，该列伸展，占最多空间
layout_column	设置 index 值，实现跳开某些单元格的功能

　　下面通过一个简单的例子来展示表格布局的使用。在项目 Ex02_layout 的 res/layout 目录中添加布局文件 activity_tablelayout.xml，设置 Root Tag 为 TableLayout，编写如下代码。

```xml
<?xml version="1.0" encoding="utf-8"?>
<TableLayout xmlns:android="http://schemas.android.com/apk/res/android"
android:layout_width="fill_parent"
android:layout_height="fill_parent"
android:stretchColumns="0,1,2"
>
<TableRow android:background="#0000FF" >
<TextView android:text="第一行第一列"
                android:padding="3dip"
                android:gravity="center"
```

```
                    android:textColor="#FFFFFF"/>
<TextView android:text="第一行第二列"
                    android:padding="3dip"
                    android:gravity="center"
                    android:textColor="#FFFFFF"/>
<TextView android:text="第一行第三列"
                    android:padding="3dip"
                    android:gravity="center"
                    android:textColor="#FFFFFF"/>
</TableRow>
<TableRow android:background="#CCCCCC">
<TextView  android:text="第二行第一列"
           android:padding="3dip"
           android:gravity="center"
           android:textColor="#000000"/>
<TextView  android:text="第二行第二列"
           android:padding="3dip"
           android:gravity="center"
           android:textColor="#000000"/>
<TextView android:text="第二行第三列"
                    android:padding="3dip"
                    android:gravity="center"
                    android:textColor="#000000"/>
</TableRow>

</TableLayout>
```

修改 MainActivity.java 的代码，设置 Activity 的界面为这里所编写的 XML 文件。

```
public class MainActivity extends AppCompatActivity {
    @Override
protected void onCreate(Bundle savedInstanceState) {
super.onCreate(savedInstanceState);
        setContentView(R.layout.activity_tablelayout);
    }
}
```

单击运行按钮，运行效果如图 2-18 所示。在本例中，最外层的布局为表格布局，通过放入两个 TableRow 来构建两行，并在每行中依次加入 TextView。其布局结构如图 2-19 所示。

④ 网格布局（GridLayout）。网格布局是在 Android 4.0 SDK 之后引入的布局样式，GridLayout 可以用于做类似于 TableLayout 的布局样式，但其性能及功能都比 TableLayout 好，如 GridLayout 的布局中的单元格可以跨越多行，且渲染速度也比 TableLayout 快。网

格布局的常用属性如表 2-5 所示。

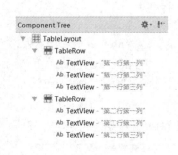

图 2-18　TableLayout 运行效果　　　　图 2-19　TableLayout 的布局结构

表 2-5　网格布局的常用属性

属性名称	含义
columnCount	设置布局的最大列数
rowCount	设置布局的最大行数
alignmentMode	设置布局的对齐方式（alignBounds 表示对齐子视图边界，alignMargins 表示对齐子视图边距）
layout_gravity	设置子控件如何占据其所属网格的空间
layout_column	设置子控件在容器的第几列
layout_row	设置子控件在容器的第几行
layout_columnSpan	设置子控件横跨了几列
layout_rowSpan	设置子控件横跨了几行

下面通过一个简单的例子来展示网格布局的使用。在项目 Ex02_layout 的 res/layout 目录中添加布局文件 activity_gridlayout.xml，设置 Root Tag 为 GridLayout，编写如下代码。

```
<?xml version="1.0" encoding="utf-8"?>
<GridLayout xmlns:android="http://schemas.android.com/apk/res/android"
    android:layout_width="wrap_content"
    android:layout_height="wrap_content"
    android:layout_gravity="center"
```

```xml
        android:columnCount="4"
        android:orientation="horizontal" >

    <Button android:text="1" />
    <Button android:text="2" />
    <Button android:text="3" />
    <Button android:text="*" />
    <Button android:text="4" />
    <Button android:text="5" />
    <Button android:text="6" />
    <Button android:text="-" />
    <Button android:text="7" />
    <Button android:text="8" />
    <Button android:text="9" />
    <Button android:text="/" />
    <Button android:text="0" />
    <Button android:text="." />
    <Button android:text="+/-" />
    <Button android:layout_rowSpan="2" android:layout_gravity="fill"
        android:text="+" />
    <Buttonandroid:layout_columnSpan="3"android:layout_gravity="fill"
        android:text="=" />
</GridLayout>
```

修改 MainActivity.java 的代码，设置 Activity 的界面为这里所编写的 XML 文件。

```java
public class MainActivity extends AppCompatActivity {
    @Override
protected void onCreate(Bundle savedInstanceState) {
super.onCreate(savedInstanceState);
        setContentView(R.layout.activity_gridlayout);
    }
}
```

单击运行按钮，运行效果如图 2-20 所示。在本例中，最外层的布局为网格布局，通过指定 android:columnCount="4"设置该网格每行为 4 列，并将子控件一行一行填入到网格之中。设置 "+" 按钮控件的 android:layout_rowSpan="2"，即指定该控件横跨两行，通过 android:layout_gravity="fill"指定 "+" 按钮控件填充满格子。对于 "=" 按钮控件，则指定其横跨 3 列，并填充满格子。其布局结构如图 2-21 所示。

⑤ 帧布局（FrameLayout）。帧布局就是将它内部的元素一层一层地叠放在一起。这有些类似于 Photoshop 中图层的概念。Android 按组件的先后顺序来组织这个布局，先声明的放在第一层，再声明的放在第二层，最后声明的放在最顶层。这种布局相对比较简单，这里不做详细说明。

图 2-20　GridLayout 运行效果

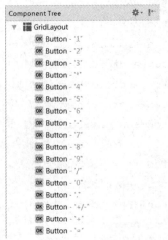

图 2-21　GridLayout 的布局结构

（3）基本 UI 控件

View 是 Android 中可视化控件的父类，主要提供了控件的绘制和事件处理的方法。而可视化控件是指重新实现了 View 的绘制和事件处理方法并最终与用户交互的对象，如 TextView、EditText、Button 等。

ViewGroup 类继承自 View 类，其最大的特点就是可以有子控件，可以嵌套，如 LinearLayout、ConstraintLayout 等布局类。

① TextView。

TextView 继承自 View 类，用于显示文本。TextView 本质上是一个完整的文本编辑器，只是因为其父类设置为不可编辑，所以通常用于显示文本信息。在 Design 模式下，可以直接拖动 Palette 区域中的控件并将其放置到界面中，如图 2-22 所示。而在 Text 模式下，可以通过直接输入标签<TextView/>的方式，完成 TextView 控件的添加。TextView 的常用属性和方法如表 2-6 所示。

图 2-22　Palette 中的 TextView

表 2-6　TextView 的常用属性和方法

属性/方法名称	含义
id	为 TextView 设置唯一的名称。通常写法为 android:id="@+id/ textView2"。其中，"+"表示通过它来生成静态资源，如果没有 "+"，则表示使用的是指定位置的静态资源，一般在为控件赋 ID 时会使用 "+"。保存 XML 后，可以发现 R.java 中存在一个类名为 id 的内部类，这个类中有一个静态字段 textView2，可以在代码中通过 R.id.textView2 来获得它的值

36

续表

属性/方法名称	含义
layout_width	设置控件的宽度，必须设置
layout_height	设置控件的高度，必须设置
text	设置 TextView 显示的文字，该属性可以直接赋值，如 android:text="姓名"；也可以利用资源文件来进行设置，如先在 res\values\strings.xml 中写入 <string name="tvText">姓名</string>，再设置 android:text="@string/tvText"，这样系统就会把 tvText 所对应的值作为 TextView 的值。而如果要把"姓名"改成"密码"，则只需要改变 strings.xml 中的值即可，不需要改动任何 Java 代码。这对于那些需要将项目移植为其他语言版本的情形是非常有用的
textColor	设置字体的颜色，如"#ff8c00"
textStyle	设置字体的样式，如 bold（粗体）、italic（斜体）等
textSize	设置文字的大小，如"20sp"
textAlign	设置文字的排列方式，如"center"
getText()	是获取 TextView 中文本内容的方法
setText()	是设置 TextView 中文本内容的方法

② EditText。

EditText 继承自 TextView 类，只是对 TextView 进行了少量变更，以使其可以编辑。EditText 提供了用户输入信息的接口，是实现人机交互的重要控件。在 Design 模式下，可以直接拖动 Palette 区域中的控件并将其放置到界面中，如图 2-23 所示。在 Text 模式下，可以通过直接输入标签 <EditText/> 的方式，完成 EditText 控件的添加。

注意，图 2-23 中框里的控件都是 EditText，只是 inputType 类型不同，不同类型能更好地适应相应场景的输入需要。inputType 部分取值的不同含义如表 2-7 所示。

图 2-23　Palette 中的 EditText

表 2-7　inputType 部分取值的不同含义

inputType 取值	含义
android:inputType= " text "	普通文本
android:inputType= " textCapCharacters "	字母大写
android:inputType= " textCapWords "	首字母大写
android:inputType= " textCapSentences "	仅第一个字母大写
android:inputType= " textAutoComplete "	自动完成

续表

inputType 取值	含义
android:inputType=" textMultiLine "	多行输入
android:inputType=" textUri "	网址
android:inputType=" textEmailAddress "	电子邮件地址
android:inputType=" textEmailSubject "	邮件主题
android:inputType=" textPersonName "	人名
android:inputType=" textPostalAddress "	地址
android:inputType=" textPassword "	密码
android:inputType=" textVisiblePassword "	可见密码
android:inputType=" number "	数字
android:inputType=" numberSigned "	带符号数字格式
android:inputType=" numberDecimal "	带小数点的浮点格式
android:inputType=" phone "	拨号键盘
android:inputType=" datetime "	日期时间
android:inputType=" date "	日期键盘
android:inputType=" time "	时间键盘

③ Button。

Button 是各种 UI 中最常用的控件之一，用户可以通过触摸它来触发一系列事件。Button 类继承自 TextView 类，其主要属性和方法与 TextView 基本类似，这里不再详细介绍。在 Design 模式下，可以直接拖动 Palette 区域中的 Button 控件并将其放置到界面中，如图 2-24 所示。在 Text 模式下，可以通过直接输入标签<Button/>的方式，完成 Button 控件的添加。

Button 控件默认的外观为矩形，但是可通过设置 android:background 属性，借助 Shape 和 Selector 来改变按钮的形状及动态效果。这一部分内容将在后面介绍。

④ ImageView。

ImageView 继承自 View 类，主要用于显示图像，可以加载各种来源的图片（如资源或图片库）并提供诸如缩放和着色（渲染）等各种显示选项。在 Design 模式下，可以直接拖动 Palette 区域中的 ImageView 控件并将其放置到界面中，如图 2-25 所示。在 Text 模式下，可以通过直接输入标签<ImageView/>的方式，完成 ImageView 控件的添加。ImageView 的常用属性和方法如表 2-8 所示。

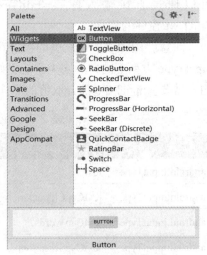

图 2-24　Palette 中的 Button

图 2-25　Palette 中的 ImageView

表 2-8　ImageView 的常用属性和方法

属性/方法名称	含义
src	设置 ImageView 所显示的 Drawable 对象的 ID，对应 ImageView 的前景图片
background	对应 ImageView 的背景图片，可与 src 指定的前景图片组合
adjustViewBounds	是否保持宽高比。需要与 maxWidth、maxHeight 一起使用，单独使用没有效果。如果想设置图片为固定大小，又想保持图片的宽高比，则需要先设置 adjustViewBounds 为 true，再设置 maxWidth、maxHeight，并设置 layout_width 和 layout_height 为 wrap_content
maxHeight	设置 View 的最大高度，需要与 adjustViewBounds 一起使用，单独使用没有效果
maxWidth	设置 View 的最大宽度，需要与 adjustViewBounds 一起使用，单独使用没有效果
scaleType	设置图片的填充方式，如 center（居中）等
setImageResource(int id)	设置 ImageView 显示的图片，传入参数为图片资源 id
setImageBitmap(Bitmap bitmap)	设置 ImageView 显示的图片，传入参数为 Bitmap 对象
setImageDrawable(Drawable drawable)	设置 ImageView 显示的图片，传入参数为 Drawable 对象
setVisibility (int visibility)	设置是否显示图片，其中，visibility 是 int 型的参数，取值分别为 View.VISIBLE、View.INVISIBLE 和 View.GONE

⑤ ImageButton。

ImageButton 继承自 ImageView 类。默认情况下，ImageButton 看起来像一个普通的按钮，拥有标准的背景色，并在不同状态下变更颜色。

在 Design 模式下，可以直接拖动 Palette 区域中的 ImageButton 控件并将其放置到界面中，如图 2-26 所示。在 Text 模式下，可以通过直接输入标签<ImageButton/>的方式，完成 ImageButton 控件的添加。ImageButton 与 ImageView 的属性和方法大致相同，这里不做详细介绍。注意，ImageButton 和 ImageView 不支持 android:text 属性。

⑥ CheckBox。

CheckBox 继承自 CompoundButton 类，其大部分属性与 Button 类似。它是一种有双状态的按钮的特殊类型，可以表示选中或者不选中。在代码中，可以通过 isChecked()方法判断其是否选中。

在 Design 模式下，可以直接拖动 Palette 区域中的 CheckBox 控件并将其放置到界面中，如图 2-27 所示。在 Text 模式下，可以通过直接输入标签<CheckBox/>的方式，完成 CheckBox 控件的添加。

图 2-26　Palette 中的 ImageButton　　　　图 2-27　Palette 中的 CheckBox

⑦ RadioButton。

RadioButton 继承自 CompoundButton 类，其大部分属性与 Button 类似。它也是一种有双状态的按钮，可以表示选中或者不选中，通常用于实现一组选项中的单选功能，往往与 RadioGroup 同时使用，Palette 中的 RadioGroup 如图 2-28 所示。

在 Design 模式下，可以直接拖动 Palette 区域中的 RadioButton 控件并将其放置到界面中，如图 2-29 所示。在 Text 模式下，可以通过直接输入标签<RadioButton/>的方式，完成 RadioButton 控件的添加。

V2-1　实现仿
QQ 登录界面

图 2-28　Palette 中的 RadioGroup　　图 2-29　Palette 中的 RadioButton

3．任务实施

（1）新建 Android Studio 项目，项目名（Application name）为"QQDemoV1"，如图 2-30 所示。

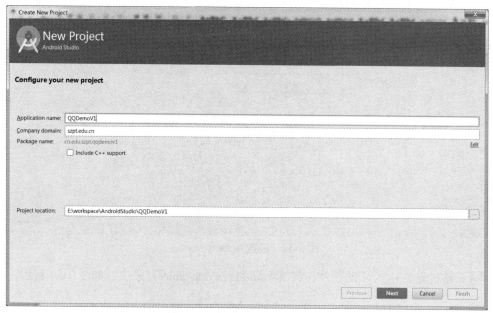

图 2-30　新建项目 QQDemoV1

（2）添加 Empty Activity 到项目中，如图 2-31 所示。

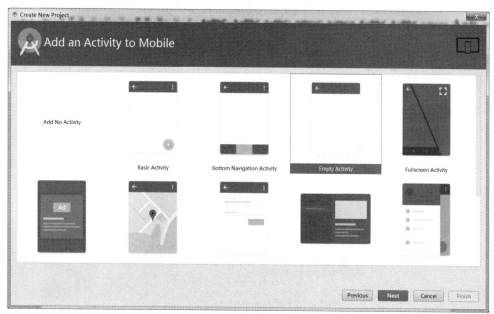

图 2-31　添加 Empty Activity 到项目中

（3）设置 Activity Name 为 LoginActivity，如图 2-32 所示。单击"Finish"按钮，完成项目的创建。

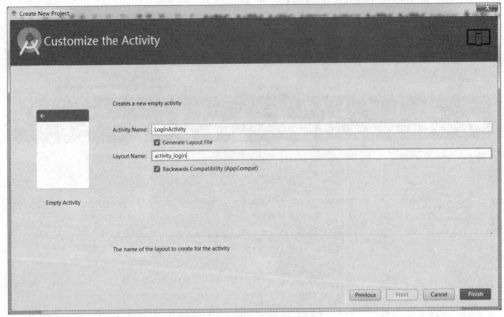

图 2-32　设置 Activity Name

（4）复制图 2-33 所示的图片，将其粘贴到 res/drawable/目录中，如图 2-34 所示。

图 2-33　任务需要的图片

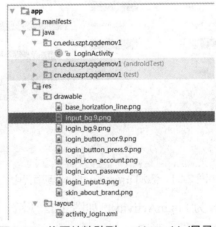

图 2-34　将图片粘贴到 res/drawable/目录中

（5）打开 res/layout/activity_login.xml 文件，切换到 Design 模式，如图 2-35 所示。

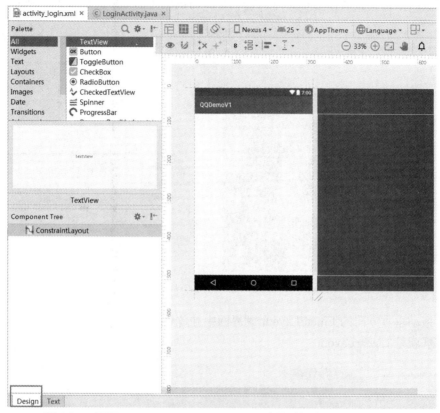

图 2-35 打开 res/layout/activity_login.xml 文件并切换到 Design 模式

（6）将 ImageView 控件拖动到界面中，如图 2-36 所示，设置 src 属性为 skin_about_brand.png。

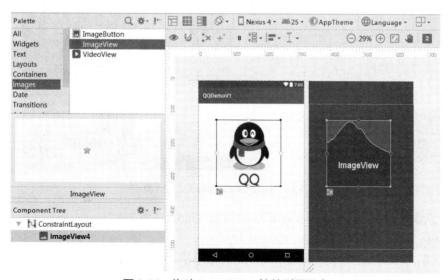

图 2-36 拖动 ImageView 控件到界面中

（7）设置 ImageView 的 ID 为"imgQQ"，宽度和高度均指定为 105dp，并为其上、左、右方向添加约束，设置上方的间距为 50dp，左、右的间距为 8dp，如图 2-37 所示。

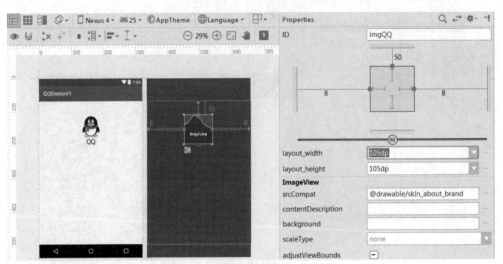

图 2-37　设置 ImageView 的属性

（8）拖动垂直方向的 LinearLayout 到界面中并放置到 imgQQ 下方，如图 2-38 所示，图中的方框就是 LinearLayout。

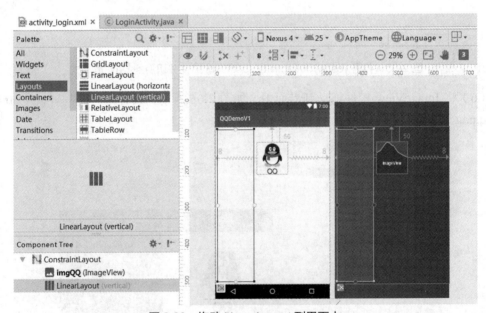

图 2-38　拖动 LinearLayout 到界面中

（9）设置其宽度为"match_parent"，高度为 85dp，为其上、左、右方向添加约束，间距均为 24dp，如图 2-39 所示。

（10）单击"View all properties"超链接，如图 2-40（a）所示，切换到更多属性界面，如图 2-40（b）所示。设置 LincarLayout 的背景图片为 input_bg.9.png。

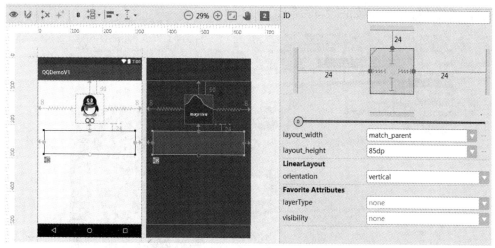

图 2-39 设置 LinearLayout 的属性

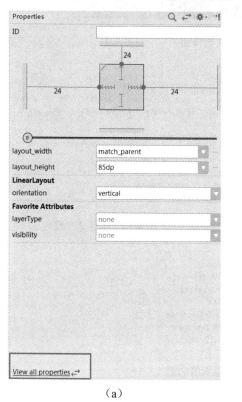

（a）

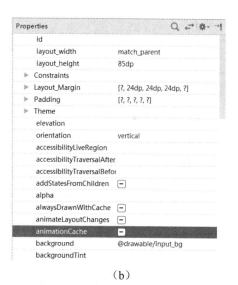

（b）

图 2-40 设置 LinearLayout 的背景图片为 input_bg.9.png

（11）参照步骤（10）的操作，设置 ConstraintLayout 的背景图片为 login_bg.9.png。

（12）拖动 EditText 到界面中并将其放置到 LinearLayout 中，如图 2-41 所示。设置 ID 为"etQQName"，并设置合适的宽度和高度，如图 2-42 所示。

（13）在 EditText 中输入代码，为 EditText 添加属性，如图 2-43 方框中的代码所示。注意，hint 属性是当文本框中没有输入内容时显示的提示信息，该信息可以直接以字符串的形式输入，也可以放置在 string.xml 文件中，这里将项目中用到的文字信息统一放置在

string.xml 中，输入的内容如图 2-44 所示。

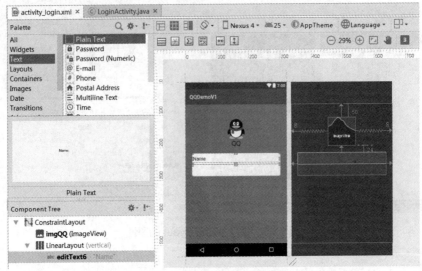

图 2-41   拖动 EditText 到界面中

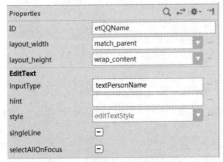

图 2-42   设置 EditText 属性

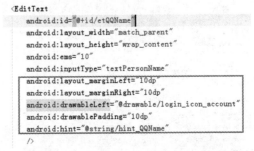

图 2-43   手动为 EditText 添加属性

```
<resources>
    <string name="app_name">QQDemoV1</string>
    <string name="hint_QQName">输入QQ号码</string>
    <string name="hint_QQPwd">输入QQ密码</string>
    <string name="btn_Login">登录</string>
    <string name="chk_RememberPwd">记住密码</string>
    <string name="tv_ForgetPwd">忘记密码</string>
    <string name="tv_RegistQQ">还没有账号？立即注册></string>
</resources>
```

图 2-44   string.xml 中输入的内容

（14）在 etQQName 的下方手动添加<View />，并设置相应的属性，用于显示一条分割线，如图 2-45 所示。

```
<EditText...>

<View
    android:layout_width="match_parent"
    android:layout_height="1dp"
    android:layout_marginLeft="10dp"
    android:layout_marginRight="10dp"
    android:background="@drawable/base_horization_line" />
```

图 2-45   手动添加<View/>

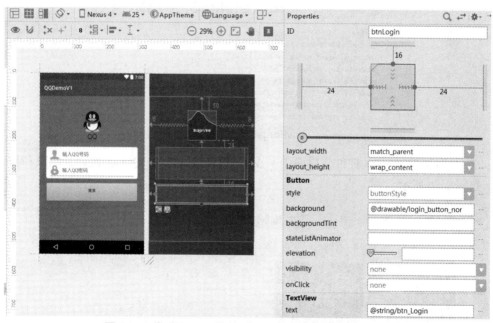

（15）参照步骤（12）和步骤（13）的操作，添加密码输入框 etQQPwd，代码如图 2-46
所示。

```
<EditText...>

<View...>

<EditText
    android:id="@+id/etQQPwd"
    android:layout_width="match_parent"
    android:layout_height="wrap_content"
    android:layout_marginLeft="10dp"
    android:layout_marginRight="10dp"
    android:drawableLeft="@drawable/login_icon_password"
    android:drawablePadding="10dp"
    android:ems="10"
    android:hint="@string/hint_QQPwd"
    android:inputType="textPassword" />
```

图 2-46　添加密码输入框的代码

（16）将线性布局的高度由固定值修改为"wrap_content"。

（17）拖动 Button 控件到界面中，设置 ID 为"btnLogin"，并设置相应的约束和属性，
如图 2-47 所示。

图 2-47　拖动 Button 控件到界面中并设置其约束和属性

（18）拖动 CheckBox 控件到界面中，设置 ID 为"chkRememberPwd"，设置其约束，
使其位于 btnLogin 下方，并与 btnLogin 左对齐，如图 2-48 所示。

（19）拖动 TextView 控件到界面中，设置 ID 为"tvForgetPwd"，设置其约束，使其位
于 btnLogin 下方，并与 btnLogin 右对齐，如图 2-49 所示。注意，这里通过设置属性"app:layout_
constraintBaseline_toBaselineOf="@+id/chkRememberPwd""，使 TextView 中的文字与 CheckBox
中的文字处于同一高度。

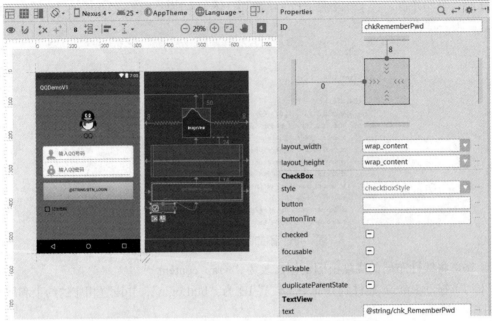

图 2-48　拖动 CheckBox 控件到界面中并设置其约束

```
<TextView
    android:id="@+id/tvForgetPwd"
    android:layout_width="wrap_content"
    android:layout_height="wrap_content"
    android:layout_marginRight="8dp"
    android:text="@string/tv_ForgetPwd"
    app:layout_constraintBaseline_toBaselineOf="@+id/chkRememberPwd"
    app:layout_constraintRight_toRightOf="@+id/btnLogin" />
```

图 2-49　tvForgetPwd 相关属性的设置

（20）拖动 TextView 控件到界面中，设置 ID 为"tvRegistQQ"，设置其约束和相关属性，如图 2-50 所示。

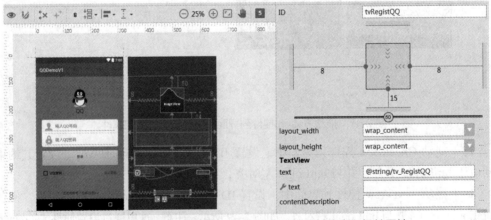

图 2-50　拖动 TextView 控件到界面中并设置其约束和相关属性

（21）单击工具栏中的 ▶ 按钮，运行程序，运行效果如图 2-1 所示。

2.2 任务 2 美化界面

1. 任务简介

本任务将学习如何使用选择器（Selector）动态改变 Button 和 CheckBox 的外观，了解如何使用样式（Style）和主题（Theme）保存自定义的属性集及 Android 的事件处理机制。任务完成后，运行效果如图 2-51 所示。

图 2-51 美化界面运行效果

2. 相关知识

（1）选择器

在 Android 中，选择器（Selector）常常用于控制控件的背景，这样做的好处是省去了使用代码来控制控件在不同状态下进行背景颜色或图片变换的麻烦。根据变换的是颜色还是图片，可分为两种选择器：Color-Selector 和 Drawable-Selector。

① Color-Selector：即颜色状态列表，可以和颜色一样使用，颜色会随着控件的状态而改变。

② Drawable-Selector：即背景图状态列表，可以和图片一样使用，背景会根据控件的状态而改变。

注意：选择器作为 drawable 资源使用时，一般放于 drawable 目录中，item 必须指定 android: drawable 属性；作为 color 资源使用时，则放于 color 目录中，item 必须指定 android:color 属性。选择器的常见状态如表 2-9 所示。

表 2-9 选择器的常见状态

状态名称	含义
state_enabled	设置触摸或单击事件是否为可用状态

续表

状态名称	含义
state_pressed	设置是否处于按压状态
state_selected	设置是否处于选中状态，true 表示已选中，默认为 false，表示未选中
state_checked	设置是否处于勾选状态，主要用于 CheckBox 和 RadioButton，true 表示已勾选，默认为 false，表示未勾选
state_checkable	设置勾选是否处于可用状态，true 表示可勾选，false 表示不可勾选，默认为 true
state_focused	设置是否处于获得焦点状态，true 表示获得焦点，默认为 false，表示未获得焦点
state_window_focused	设置当前窗口是否处于获得焦点状态，true 表示获得焦点，默认为 false，表示未获得焦点
state_activated	设置是否处于被激活状态，true 表示被激活，默认为 false，表示未被激活
state_hovered	设置是否处于鼠标在上面滑动的状态，true 表示鼠标在上面滑动，默认为 false，表示鼠标未在上面滑动

下面使用选择器实现当用户单击按钮时，按钮的背景图片和文字颜色动态改变的功能。首先，按照默认设置创建新项目 Ex02_improveui；其次，打开布局文件 activity_main.xml，切换到 Design 模式；最后，在界面中放置一个 Button 控件和一个 TextView 控件，如图 2-52 所示。

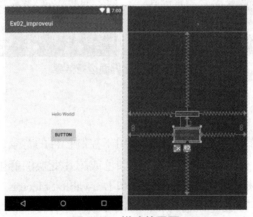

图 2-52　搭建的界面

在 res 文件夹上右键单击，弹出快捷菜单，如图 2-53 所示，选择"New"→"Android resource directory"选项，打开"New Resource Directory"对话框，设置文件夹信息，如图 2-54 所示。单击"OK"按钮，将会在 res 文件夹中新增一个 color 文件夹，如图 2-55 所示。

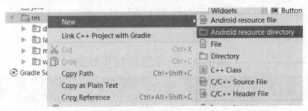

图 2-53　选择"Android resource directory"选项

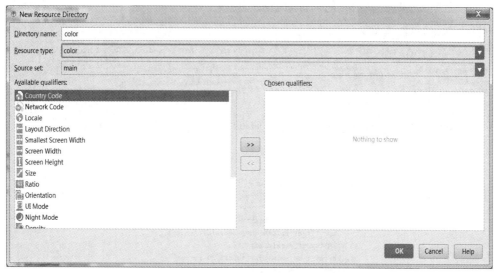

图 2-54　设置文件夹信息

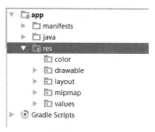

图 2-55　新增的 color 文件夹

右键单击 res/color 节点，在弹出的快捷菜单中选择"New"→"Color resource file"选项，打开"New Resource File"对话框，设置文件名为"btn_color_selector"，如图 2-56 所示。

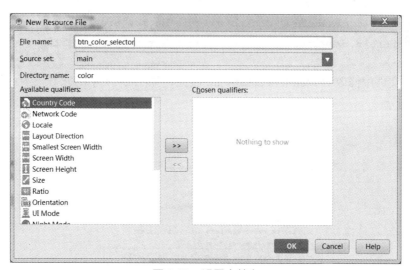

图 2-56　设置文件名

单击"OK"按钮，系统自动打开 btn_color_selector.xml 文件，输入如下代码，设置当按钮处于按下状态时，显示红色，否则显示黑色。

```xml
<?xml version="1.0" encoding="utf-8"?>
<selector xmlns:android="http://schemas.android.com/apk/res/android">
<item android:color="#ff0000" android:state_pressed="true"></item>
<item android:color="#000000" ></item>
</selector>
```

在布局文件中修改 Button 的 textColor 属性，如图 2-57 中的方框所示。

```
<Button
    android:id="@+id/button"
    android:layout_width="wrap_content"
    android:layout_height="wrap_content"
    android:text="Button"
    android:layout_marginRight="8dp"
    app:layout_constraintRight_toRightOf="parent"
    android:layout_marginLeft="8dp"
    app:layout_constraintLeft_toLeftOf="parent"
    android:layout_marginTop="32dp"
    android:textColor="@color/btn_color_selector"
    app:layout_constraintTop_toBottomOf="@+id/textView" />
```

图 2-57　修改 Button 的 textColor 属性

这样就完成了按钮上文字颜色的切换。下面使用选择器完成按钮背景图片的切换。右键单击 res/drawable 节点，在弹出的快捷菜单中选择"New"→"Drawable resource file"选项，打开对话框，设置文件名为"btn_bg_selector"，单击"OK"按钮，在 btn_bg_selector.xml 文件中输入如下代码。其中，"login_button_press""login_button_nor"为两张 PNG 格式的图片。

```xml
<?xml version="1.0" encoding="utf-8"?>
<selector xmlns:android="http://schemas.android.com/apk/res/android">
<item android:state_pressed="true"
    android:drawable="@drawable/login_button_press"></item>
<item android:drawable="@drawable/login_button_nor"></item>
</selector>
```

在布局文件中修改 Button 的 background 属性，如图 2-58 中的方框所示。其运行效果如图 2-59 所示。

```
<Button
    android:id="@+id/button"
    android:layout_width="wrap_content"
    android:layout_height="wrap_content"
    android:text="Button"
    android:layout_marginRight="8dp"
    app:layout_constraintRight_toRightOf="parent"
    android:layout_marginLeft="8dp"
    app:layout_constraintLeft_toLeftOf="parent"
    android:layout_marginTop="32dp"
    android:background="@drawable/btn_bg_selector"
    android:textColor="@color/btn_color_selector"
    app:layout_constraintTop_toBottomOf="@+id/textView" />
```

图 2-58　修改 Button 的 background 属性

图 2-59　运行效果

（2）样式与主题

① 样式。

样式（Style）是指为 View 或 Activity 指定外观和格式的属性集合。Android 中样式是以 XML 文件的形式进行定义的，可以指定高度、填充、字体颜色、字号、背景色等多种属性。其与网页设计中层叠样式表的原理类似，通过它可以将设计与内容有效分离开。

要创建一组样式，可以打开 res/values/文件夹中的 styles.xml 文件，也可以在该文件夹中新建一个 XML 文件。例如，可以将前面的按钮显示效果定义为样式，代码如下。

```xml
<style name="BtnStyle" >
    <item name="android:background">@drawable/btn_bg_selector</item>
    <item name="android:textColor">@color/btn_color_selector</item>
</style>
```

这样，对于相同效果的按钮，只需指定 style 属性即可，如图 2-60 所示。

图 2-60　指定 style 属性

此外，样式还可以继承，通过 parent 属性指定继承的样式即可，代码如下。

```xml
<style name="AppTheme" parent="Theme.AppCompat.Light.DarkActionBar">
```

② 主题。

主题（Theme）是指对整个应用或 Activity 使用的样式，而不是对单个 View（如 Button）应用的样式。以主题形式应用样式时，应用或 Activity 中的每个视图都将应用其支持的各样式属性。

注意：当对单个视图应用样式时，要在布局文件中对指定的 View 元素（如 Button）添加 style 属性；而当对整个应用或 Activity 应用样式时，需要在 AndroidManifest.xml 文件中为 activity 或 application 元素添加 android:theme 属性，如图 2-61 所示。

图 2-61　添加 android:theme 属性

（3）Android 事件处理机制

在 Android 中，使用事件来描述用户界面的操作行为，对于事件的处理主要采用基于监听的事件处理方式。所谓事件监听就是事件源本身不对事件进行处理，而是将事件委托给事件监听器来处理。通常做法是为控件设置特定的事件监听器，在事件监听器的方法中编写事件处理代码。事件监听的基本工作过程如图 2-62 所示。

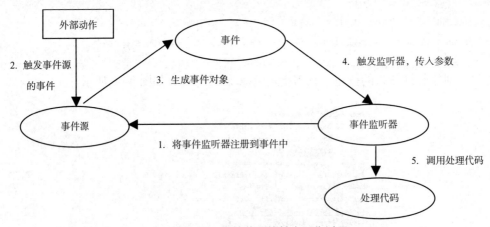

图 2-62　事件监听的基本工作过程

这里主要有 3 个参与对象，分别是事件源（事件发生的来源，如按钮、菜单、窗口等各个 UI 控件）、事件（UI 上面的事件源发生的特定事件，如按钮上的一次单击）和事件监听器（监听事件源发生的事件，并对被监听的事件做出相应的响应）。

基本开发步骤如下。

① 获取普通界面控件（事件源），即被监听的对象。

② 实现事件监听器类，该监听器类是一个特殊的 Java 类，必须实现一个 XxxListener 接口。

③ 调用事件源的 setXxxListener 方法，将事件监听器对象作为传入参数注册给普通控件（事件源）。

下面为 Ex02_improveui 项目中的按钮添加事件监听器，单击该按钮后，弹出 "Hello" 信息。事件监听器的实现主要有以下 3 种方式。

① 内部匿名类形式：使用内部匿名类创建事件监听器对象，代码如下。

```java
public class MainActivity extends AppCompatActivity {
    private Button btn;
    @Override
    protected void onCreate(Bundle savedInstanceState) {
    super.onCreate(savedInstanceState);
        setContentView(R.layout.activity_main);
    btn = (Button) findViewById(R.id.button);
    btn.setOnClickListener(new View.OnClickListener() {
    @Override
    public void onClick(View v) {
        Toast.makeText(MainActivity.this,"Hello",Toast.LENGTH_LONG).show();
            }
        });
    }
}
```

其中，btn=(Button) findViewById(R.id.button);语句用于在 MainActivity 类中获取 Button 的实例，通常会定义成员变量 Button btn，以存储在 onCreate 中并调用 findViewById()方法找到的 Button 实例，这样，后面就不需要寻找了。

Toast 是 Android 中用于显示信息的一种机制，一段时间后就会自动消失。

② 内部实名类形式：将事件监听器类定义为当前类的内部实名类，代码如下。

```java
public class MainActivity extends AppCompatActivity {
    private Button btn;

    @Override
    protected void onCreate(Bundle savedInstanceState) {
    super.onCreate(savedInstanceState);
        setContentView(R.layout.activity_main);
    btn = (Button) findViewById(R.id.button);
        MyListener listener = new MyListener();
    btn.setOnClickListener(listener);
        }
    class MyListener implements View.OnClickListener{
```

```
    @Override
    public void onClick(View v) {
        Toast.makeText(MainActivity.this,"Hello",Toast.LENGTH_LONG).show();
        }
    }
}
```

一般来说，这种形式多用在多个控件共用一个监听器的情况中，处理程序时，需要通过 id 来判断到底是哪个对象触发的事件。

③ 类自身作为事件监听器接口：使 Activity 本身实现监听器接口，并实现事件处理方法，代码如下。

```
public class MainActivity extends AppCompatActivity implements View.
OnClickListener {
    private Button btn;

    @Override
    protected void onCreate(Bundle savedInstanceState) {
    super.onCreate(savedInstanceState);
        setContentView(R.layout.activity_main);
    btn = (Button) findViewById(R.id.button);
    btn.setOnClickListener(this);
        }

    @Override
    public void onClick(View v) {
        Toast.makeText(MainActivity.this,"Hello",Toast.LENGTH_LONG).show();
        }
}
```

3. 任务实施

V2-2 美化界面

（1）打开 QQDemoV1 项目，参照有关选择器的介绍，在 res/drawable 文件夹中添加 btn_login_bg.xml 选择器，当单击按钮时，实现背景的动态切换，实现代码如下。

```
<?xml version="1.0" encoding="utf-8"?>
    <selector xmlns:android="http://schemas.android.com/apk/res/android">
    <item android:drawable="@drawable/login_button_press"
    android:state_pressed="true" />
    <item android:drawable="@drawable/login_button_nor"/>
    </selector>
```

在布局文件 activity_login 中，修改 Button 控件（btnLogin）的 background 属性，代码如下。

```
android:background="@drawable/btn_login_bg"
```

（2）修改 CheckBox 的外观。参照有关选择器的介绍，在 res/drawable 文件夹中添加

chk_button.xml 选择器，代码如下。

```
<?xml version="1.0" encoding="utf-8"?>
    <selector xmlns:android="http://schemas.android.com/apk/res/android">
    <item android:state_checked="true"
    android:drawable="@drawable/checkbox_selected"/>
    <item android:drawable="@drawable/checkbox_unselect"/>
</selector>
```

在布局文件 activity_login 中，修改 CheckBox 控件（chkRememberPwd）的相关属性，代码如下。

```
android:button="@null"
android:drawableLeft="@drawable/chk_button"
android:textColor="#ffffff"
```

（3）考虑到复用性，这里将这些属性定义为 style。参照样式的相关介绍，打开 res/values/ 文件夹中的 styles.xml 文件，添加自定义样式，代码如下。

```
<style name="MyCheckBox">
    <item name="android:button">@null</item>
    <item name="android:textColor">#ffffff</item>
    <item name="android:drawableLeft">@drawable/chk_button</item>
</style>
```

在布局文件 activity_login 中，修改 CheckBox 控件（chkRememberPwd）的相关属性，代码如下。

```
<CheckBox
    android:id="@+id/chkRememberPwd"
    style="@style/MyCheckBox"
    android:layout_width="wrap_content"
    android:layout_height="wrap_content"
    android:layout_marginTop="8dp"
    android:text="@string/chk_RememberPwd"
    app:layout_constraintLeft_toLeftOf="@+id/btnLogin"
    app:layout_constraintTop_toBottomOf="@+id/btnLogin" />
```

（4）修改 TextView 的外观，参照有关选择器的介绍，在 res 文件夹中添加 color 文件夹，在 res/color 文件夹中添加 textview_button.xml 选择器，代码如下。

```
<?xml version="1.0" encoding="utf-8"?>
    <selector xmlns:android="http://schemas.android.com/apk/res/android">
    <item android:color="#c0c0c0"
    android:state_pressed="true"></item>
    <item android:color="#ffffff" ></item>
</selector>
```

参照样式的相关介绍，打开 res/values/ 文件夹中的 styles.xml 文件，添加自定义样式，代码如下。

```
<style name="MyTv_Btn">
    <item name="android:textColor">@color/textview_button</item>
    </style>
```

在布局文件 activity_login 中，设置控件 TextView（tvForgetPwd 和 tvRegistQQ）的 style 属性，代码如下。

```
style="@style/MyTv_Btn"
```

此时，如果运行程序，就会发现当用户单击"忘记密码"或者"立即注册"按钮时，文字的颜色并不会发生变化。需要为 TextView 组件添加监听器，才会有相关响应。打开 LoginActivity.java 文件，输入如下代码。

```
public class LoginActivity extends AppCompatActivity {
    private TextView tvForgetPwd;
    private TextView tvRegistQQ;

    @Override
    protected void onCreate(Bundle savedInstanceState) {
    super.onCreate(savedInstanceState);
        setContentView(R.layout.activity_login);
    tvForgetPwd = (TextView) findViewById(R.id.tvForgetPwd);
    tvForgetPwd.setOnClickListener(null);
    tvRegistQQ = (TextView) findViewById(R.id.tvRegistQQ);
    tvRegistQQ.setOnClickListener(null);
    }
}
```

（5）单击工具栏中的 ▶ 按钮，运行程序，运行效果如图 2-51 所示。

2.3　任务 3　实现忘记密码界面

1. 任务简介

本任务将实现忘记密码功能，即当用户单击"忘记密码"文字时，就会跳转到忘记密码界面。这里主要涉及 Activity、Intent 和事件监听等相关知识。程序的运行效果如图 2-63 所示。

2. 相关知识

Intent（意图）是一种运行时绑定机制，它能在程序运行过程中连接两个不同的组件。通过 Intent，程序可以向 Android 表达某种请求或者意愿，Android 会根据请求或意愿的内容选择适当的组件来完成该请求或意愿，使实现者和调用者完全解耦。

Intent 的主要属性如下。

（1）component（组件）：指明了将要处理的组件（如 Activity、Service 等），所有的组件信息都被封装在 ComponentName 对象中，这些组件都必须在 AndroidManifest.xml 文件的"<application>"节中注册。

（2）action（动作）：设置该 Intent 会触发的操作类型可以通过 setAction()方法进行设置，也可以在 AndroidManifest.xml 的组件节点的<intent-filter>节点中指定。action 用于标识该组件所能接收的"动作"。Android 系统预先定义了一些常用 action，如表 2-10 所示。此外，用户也可以自定义 action，用于描述一个 Android 应用程序组件。实际上，action 就是一个定义好的字符串，一个<intent-filter>节点可以包含多个 action。

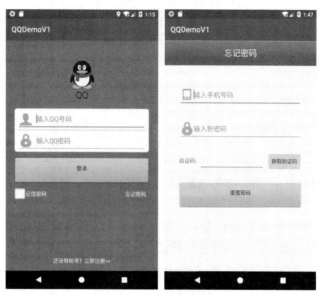

图 2-63　程序的运行效果

表 2-10　Android 系统预先定义的常用 action

action 名称	AndroidManifest.xml 配置名称	描述
ACTION_MAIN	android.intent.action.MAIN	作为一个程序的入口
ACTION_VIEW	android.intent.action.VIEW	用于数据的显示
ACTION_DIAL	android.intent.action.DIAL	调用电话拨号程序
ACTION_EDIT	android.intent.action.EDIT	用于编辑给定的数据
ACTION_RUN	android.intent.action.RUN	运行数据
ACTION_SEND	android.intent.action.SEND	调用发送短信程序

（3）category（类别）：对执行操作的类别进行描述，可以通过 addCategory()方法设置多个类别，也可以在 AndroidManifest.xml 的组件节点的<intent-filter>节点中作为<intent-filter>子元素来声明。常用的类别如表 2-11 所示。

表 2-11　常用的类别

category 名称	AndroidManifest.xml 配置名称	描述
CATEGORY_LAUNCHER	android.intent.category.LAUNCHER	显示在应用程序列表中
CATEGORY_HOME	android.intent.category.HOME	显示为主页
CATEGORY_BROWSABLE	android.intent.category.BROWSABLE	显示一张图片或信息
CATEGORY_DEFAULT	android.intent.category.DEFAULT	设置一个操作的默认执行

（4）data（数据）：描述 Intent 所操作数据的 URI 及类型，可以通过 setData()方法进行设置，不同的操作对应不同的 Data。常用的数据如表 2-12 所示。

表 2-12　常用的数据

操作类型	Data 格式
浏览网页	http://网页地址
拨打电话	tel:电话号码
发送短信	smsto:短信接收人号码
查找 SD 卡文件	file:///sdcard/文件或目录
显示地图	geo:坐标,坐标

（5）type（数据类型）：指定要传送数据的 MIME 类型，可以直接通过 setType()方法进行设置。

（6）extras（扩展信息）：传递的是一组键值对，可以使用 pubExtra()方法进行设置，主要功能是传递数据所需要的一些额外的操作信息。

下面将通过几个简单的例子来展示 Intent 的常见应用。

（1）使用 Intent 打开 Activity，代码如下。

```
button1.setOnClickListener(new OnClickListener() {
        @Override
        public void onClick(View v) {
    //创建一个意图对象
            Intent intent = new Intent();
            //创建组件，通过组件来响应
            ComponentName component = new ComponentName(MainActivity
.this, SecondActivity.class);
            intent.setComponent(component);
            startActivity(intent);
        }
    });
```

当然，也可以将 onClick()方法中的代码简化为如下语句。

```
Intent intent = new Intent(MainActivity.this,SecondActivity.class);
startActivity(intent);
```

注意，SecondActivity 需要在 AndroidManifest.xml 中进行注册，注册代码如下面代码中粗体部分所示。

```
<application android:allowBackup="true" android:icon="@mipmap/ic_launcher"
    android:label="@string/app_name"
        android:roundIcon="@mipmap/ic_launcher_round"
    android:supportsRtl="true" android:theme="@style/AppTheme">
    <activity android:name=".MainActivity">
```

```
<intent-filter>
<action android:name="android.intent.action.MAIN" /><category android:
name="android.intent.category.LAUNCHER" />
</intent-filter>
</activity>
<activity android:name=".SecondActivity">
</activity>
</application>
```

（2）使用 Intent 打开网页，代码如下。

```
button1.setOnClickListener(new OnClickListener() {
        @Override
        public void onClick(View v) {
Intent intent = new Intent();
            intent.setAction(Intent.ACTION_VIEW);
            Uri data = Uri.parse("http://www.baidu.com");
            intent.setData(data);
            startActivity(intent);
        }
    });
```

（3）使用 Intent 拨号，代码如下。

```
button1.setOnClickListener(new OnClickListener() {
        @Override
        public void onClick(View v) {
            Intent intent = new Intent(Intent.ACTION_DIAL);
            intent.setData(Uri.parse("tel:10086"));
            startActivity(intent);
        }
    });
```

3. 任务实施

（1）打开 QQDemoV1 项目，在包 "cn.edu.szpt.qqdemov1" 上右键单击，在弹出的快捷菜单中选择 "New" → "Activity" → "Empty Activity" 选项，系统打开新建的 Activity 对话框，设置 Activity Name 为 "ForgetPwdActivity"，如图 2-64 所示。

V2-3　实现忘记密码界面

单击 "Finish" 按钮，系统会自动创建 ForgetPwdActivity.java、activity_forget_pwd.xml 文件，同时在 AndroidManifest.xml 文件中自动添加该 Activity 的注册。

（2）打开 res/values 中的 strings.xml 文件，参照图 2-63，添加 ForgetPwdActivity 需要的文本资源，代码如下。

```
<string name="title_ForgetPwd">忘记密码</string>
```

```
<string name="hint_PhoneNum">输入手机号码</string>
<string name="hint_NewPwd">输入新密码</string>
<string name="btn_GetValidNum">获取验证码</string>
<string name="tv_ValidNum">验证码:</string>
<string name="btn_ResetPwd">重置密码</string>
```

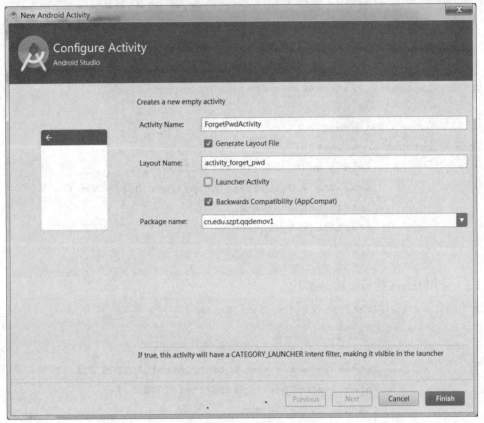

图 2-64　新建 ForgetPwdActivity

（3）打开 res/layout/文件夹中的布局文件 activity_forget_pwd.xml，切换到 Design 模式，参照图 2-63，将相关的控件拖动到布局界面中，并设置相应的属性，完成界面的设计。相关控件的名称如图 2-65 所示。

图 2-65　相关控件的名称

（4）切换到 LoginActivity.java 文件，为 tvForgetPwd 控件添加 OnClickListener 监听器，代码如下。

```java
public class LoginActivity extends AppCompatActivity {
    private TextView tvForgetPwd;
    private TextView tvRegistQQ;
        @Override
    protected void onCreate(Bundle savedInstanceState) {
    super.onCreate(savedInstanceState);
        setContentView(R.layout.activity_login);
    tvForgetPwd = (TextView) findViewById(R.id.tvForgetPwd);
    tvForgetPwd.setOnClickListener(new View.OnClickListener() {
        @Override
        public void onClick(View v) {

        }
    });
    tvRegistQQ = (TextView) findViewById(R.id.tvRegistQQ);
    tvRegistQQ.setOnClickListener(null);
        }
    }
```

（5）在 onClick(View v)方法中添加如下代码，实现跳转到 ForgetPwdActivity 功能。

```java
Intent intent=new Intent(LoginActivity.this,ForgetPwdActivity.class);
    startActivity(intent);
```

（6）单击工具栏中的 按钮，运行程序，运行效果如图 2-63 所示。

2.4 课后练习

（1）在项目中添加注册界面"RegistActivity"，实现界面布局，并完成从登录界面跳转的功能，如图 2-66 所示。

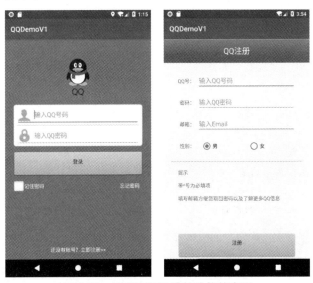

图 2-66 注册界面及跳转功能的实现

（2）在注册界面中，当用户输入注册信息后，单击"注册"按钮，使用 Toast 显示输入的信息，如图 2-67 所示。

图 2-67　单击"注册"按钮后使用 Toast 显示输入的信息

第 ③ 章 Android 高级 UI 控件

学习目标

- 了解适配器和适配器控件。
- 了解 Android 常用的菜单和对话框的实现方式。
- 熟练使用适配器和适配器控件。
- 能够根据需要实现自定义控件。

第 2 章学习了基本 UI 控件的使用。这些控件通常只能显示单条信息，但在一些情况下，需要显示多条同类信息，并且以不同形式显示，如 QQ 的消息列表、新闻客户端中的新闻列表等。此时，就需要用到一些高级 UI 控件，如下拉列表 Spinner、列表视图 ListView、可扩展的下拉列表 ExpandableListView 和 ViewPager 等。实现这些控件显示的内容不能像基本 UI 控件一样采用直接赋值的方式，而需要使用适配器来实现数据和界面的适配。因此，人们也将这类控件称为适配器控件。本章以 QQDemoV2 为例重点讲解常用适配器控件的使用，并根据项目实现的需要，补充有关自定义控件、菜单和对话框生成及使用的相关内容。

图 3-1　QQ 消息显示界面

3.1　任务 1 实现 QQ 消息界面

1. 任务简介

本任务使用高级 UI 控件 ListView，搭建 QQ 消息显示界面，如图 3-1 所示。

2. 相关知识

（1）认识适配器控件

适配器控件（AdapterView）继承自 ViewGroup 类，需要通过特定的适配器将其中的子控件与特定数据绑定起来，并以合适的方式显示和操作。常用的适配器控件有 Spinner、ListView、GridView、Gallery 和 ViewPager 等。适配器控件的工作过程基本上遵循模型—视图—控制器（Model-View-Controller，MVC）思想，其中，适配器控件类似于视图，主要呈现的是框架（如下拉列表、网格等），适配器就是控制器，主要控制框架中多个控件的显示内容和显示样式，其中 Model 以集合类数据对象（如数组、链表、数据库等）的方式存在。适配器控件工作过程如图 3-2 所示。

（2）认识适配器

适配器（Adapter）在 Android 中占据着重要的位置，它是数据和 UI 之间的一个重要纽带。Adapter 负责创建用于表示每一个条目的 View 组件，并提供对底层数据的访问。

Adapter 主要控制适配器控件上显示的数据和显示方式，Android 提供了一些常用的 Adapter 以向适配器控件提供数据，常用的 Adapter 有以下几种。

① ArrayAdapter：主要用于纯文本数据的显示。将集合中每个元素的值转化为字符串，填充到不同的 TextView 对象中，并显示到适配器控件中。

② SimpleAdapter：可用于在适配器控件中显示复杂的 View 对象，将集合对象中单个对象中的不同数据项填充到 View 的不同组件中，并显示到适配器控件中。

③ CursorAdapter：可用于在适配器控件中显示复杂的 View 对象，通过将内容提供者返回的游标对象与 View 对象进行绑定，将游标对象中的不同数据项填充到 View 的不同组件中，并显示到适配器控件中。

④ BaseAdapter：它是以上适配器类的公共基类，可以实现以上适配器的所有功能，且可以通过自定义 Adapter 来定制每个条目的外观和功能，具有较高的灵活性。BaseAdapter 的直接子类包括 ArrayAdapter、CursorAdapter 和 SimpleAdapter。

Adapter 的相关类图如图 3-3 所示。

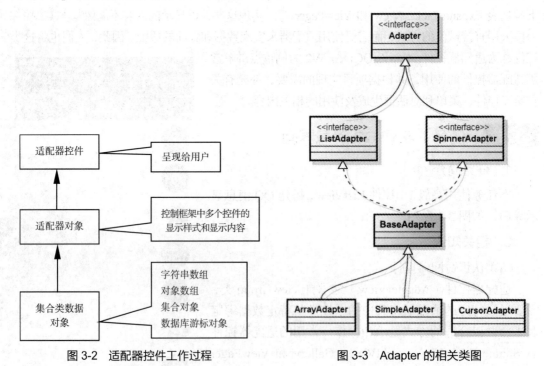

图 3-2　适配器控件工作过程　　　　图 3-3　Adapter 的相关类图

（3）Spinner 的使用工作过程

Spinner（下拉列表控件）可以将多个 View 组件以下拉列表的形式组织起来。它的数

据来源于与之关联的适配器，可通过对下拉事件和下拉单击事件的监听实现对不同情况的
处理，其类图如图 3-4 所示。

图 3-4 Spinner 的类图

Spinner 的常用属性和对应方法如下。

① dropDownWidth：设置下拉列表的宽度，对应方法为 setDropDownWidth(int)。

② gravity：定位当前选中项的 View 对象的相对位置，对应方法为 setGravity(int)。

③ popupBackground：设置 Spinner 的下拉列表的背景图片，对应方法为 setPopup
BackgroundResource(int)。

Spinner 的常用事件为下拉选中事件，当用户下拉选中某一选项时触发，需要注册事件
监听器。

下面通过一个简单的例子来演示如何利用 Spinner 结合 ArrayAdapter 实现下拉选中。

① 新建 Android Studio 项目，项目名为 "Ex03_spinner"，打开布局文件 activity_
main.xml，拖动 Spinner 控件到界面中，如图 3-5 所示，并将其命名为 "spinner"。

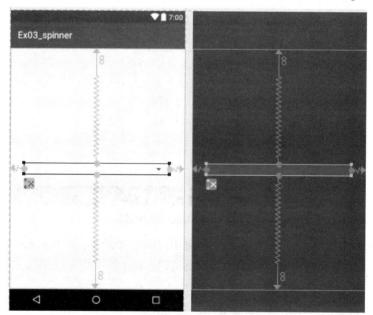

图 3-5 拖动 Spinner 控件到界面中

② 切换到 MainActivity.java 文件，为 Spinner 控件设置 Adapter，代码如下。

```
public class MainActivity extends AppCompatActivity {
private Spinner spinner;
private String[] countries={"中国","美国","俄罗斯","英国","法国"};
```

```
        @Override
    protected void onCreate(Bundle savedInstanceState) {
    super.onCreate(savedInstanceState);
    setContentView(R.layout.activity_main);
    spinner = (Spinner) findViewById(R.id.spinner);
    ArrayAdapter<String> adapter = new ArrayAdapter<String>(this,
                    R.layout.support_simple_spinner_dropdown_item,countries);
        spinner.setAdapter(adapter);
    }
}
```

其中，下拉列表中显示的数据来自字符串数组 countries，而显示的布局效果由 R.layout. support_simple_spinner_dropdown_item 指定。该布局是系统自带的，也可以用自己设计的布局取代它。下拉列表的显示效果如图 3-6 所示。

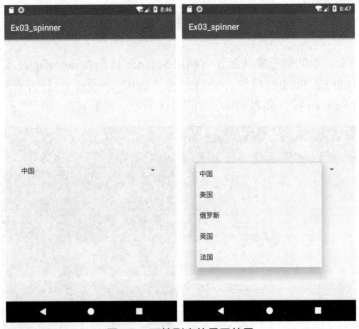

图 3-6　下拉列表的显示效果

③ 添加监听器，使下拉列表 spinner 响应用户的选择操作，在 onCreate()方法的最后添加代码，实现当用户选择了某个国家后，系统通过 Toast 显示相应的信息，效果如图 3-7 所示。代码如下。

```
protected void onCreate(Bundle savedInstanceState) {
……//此处省略部分代码
spinner.setOnItemSelectedListener(new AdapterView.OnItemSelectedListener() {

    @Override
    public void onItemSelected(AdapterView<?> parent, View view,
                    int position, long id) {
```

```
    Toast.makeText(MainActivity.this,countries[position] ,
        Toast.LENGTH_LONG).show();
        }


    @Override
    public void onNothingSelected(AdapterView<?> parent) {
        }
    });
}
```

（4）ListView 的使用

ListView 可以将一些零散的控件以列表的形式组织起来，并为其中的列表项添加事件监听。ListView 的类图如图 3-8 所示。

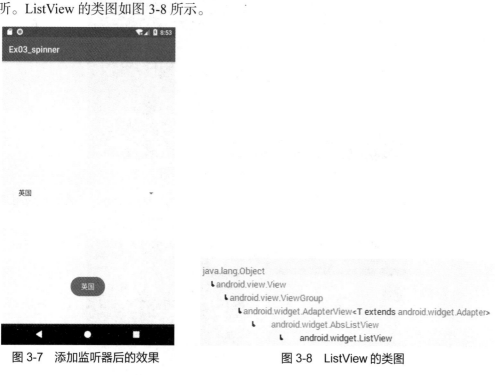

图 3-7　添加监听器后的效果　　　图 3-8　ListView 的类图

ListView 的主要属性如下。

① divider：设置列表中各项之间分隔条的颜色或者图片。

② dividerHeight：设置分隔条的高度。

ListView 设置事件监听器的方法如下。

① setOnClickListener(View.OnClickListener listener)：注册监听器，监听 ListView 被单击的事件。

② setOnItemClickListener(AdapterView.OnItemClickListener listener)：注册监听器，监听 ListView 中的某个 View 项被单击的事件。

③ setOnItemLongClickListener(AdapterView.OnItemLongClickListener listener)：注册监听器，监听 ListView 中的某个 View 项被长按时的事件。

69

④ setOnItemSelectedListener(AdapterView.OnItemSelectedListener listener)：注册监听器，监听 ListView 中的某个 View 项被选中的事件。

下面通过一个简单的例子来演示如何使用 ListView 结合 SimpleAdapter 实现图文混排。

① 新建 Android Studio 项目，项目名为"Ex03_listview"，打开布局文件 activity_main.xml，拖动 ListView 控件到界面中，如图 3-9 所示，并将其命名为"lv"。

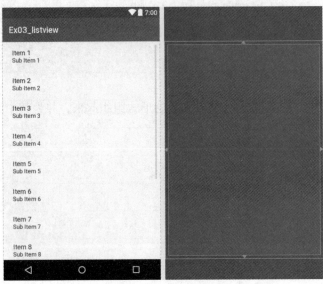

图 3-9　拖动 ListView 控件到界面中

② 在 res/layout 文件夹中新建显示条目的布局文件"item_layout.xml"，其效果如图 3-10 所示。

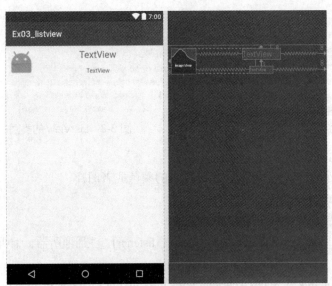

图 3-10　显示条目布局效果

③ 切换到 MainActivity.java 文件，由于条目为图文混排，因此不能简单使用 ArrayAdapter 来实现，而需要采用 SimpleAdapter 或 BaseAdapter。这里采用 SimpleAdapter 实现，代码如下。

```
public class MainActivity extends AppCompatActivity {
    private ListView lv;
    private String[] title=new String[]{"测试信息1","测试信息2","测试信息3"};
    private String[] inform=new String[]{"Google Test1","Google Test2",
"Google Test3"};
    private int[]
    imgs={R.drawable.select1,R.drawable.select2,R.drawable.select3};

    @Override
    protected void onCreate(Bundle savedInstanceState) {
    super.onCreate(savedInstanceState);
    setContentView(R.layout.activity_main);
    lv = (ListView) findViewById(R.id.lv);
        List<HashMap<String,Object>>data= new
                                ArrayList<HashMap<String,Object>>();
        for(int i=0;i<3;i++) {
            HashMap<String,Object> hashMap = new HashMap<>();
            hashMap.put("title", title[i]);
            hashMap.put("inform", inform[i]);
            hashMap.put("img", imgs[i]);
            data.add(hashMap);
        }
SimpleAdapter adapter = new SimpleAdapter(
this,data,R.layout.item_layout,
new String[]{"title","inform","img"},
new int[]{R.id.tvTitle,
R.id.tvInform,R.id.imgIcon});
        lv.setAdapter(adapter);
    }
}
```

其中，select1、select2、select3 为 PNG 格式的图片，需要先复制到 res/drawable 文件夹中。ListView 中 Model 数据存储在 List<HashMap<String,Object>>data 中，data 是一个含有 HashMap 的集合对象，每个对象都含有多个键值对，每个 HashMap 对应 Model 中的一条数据。for 循环模拟产生了 3 条数据，每条数据使用一个 HashMap 存储，多个 HashMap 放到一个 ArrayList 集合中，作为 ListView 的 Model 数据。

在创建 SimpleAdapter 对象的语句中，R.layout.item_layout 表示 ListView 中某一行的布局文件；new String[]{"title","inform","img"}参数表示取一个 HashMap 对应的键值；new int[]{R.id.tvTitle,R.id.tvInform,R.id.imgIcon}参数表示 item_layout 布局对应的控件 ID，这样就实现了 HashMap 中的键与布局文件中控件 ID 的映射关系。

SimpleAdapter 以 item_layout 作为布局样式，依次取出 data 中的数据，按照键值的数组（字符串数组）和控件 ID 数组（整型数组）的对应关系，产生 View 对象，放入适配器控件。Ex03_listview 的运行效果如图 3-11 所示。

V3-1 实现 QQ
消息界面

图 3-11 Ex03_listview 的运行效果

3. 任务实施

（1）将项目名"QQDemoV1"修改为"QQDemoV2"。找到 QQDemoV1 项目所在的文件夹，将其重命名为"QQDemoV2"。打开 Android Studio，选择"File"→"Open"选项，打开"QQDemoV2"项目。选择"Refactor"→"Rename"选项，如图 3-12 所示，将包名修改为"cn.edu.szpt.qqdemov2"。完成后，找到 build.gradle 文件中的"applicationId"，手动将其修改为"cn.edu.szpt.qqdemov2"，如图 3-13 方框中的代码所示。

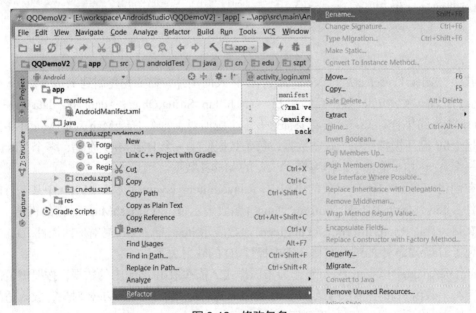

图 3-12 修改包名

图 3-13　手动修改 build.gradle 文件中的 "applicationId"

（2）在包 "cn.edu.szpt.qqdemov2" 上右键单击，在弹出的快捷菜单中选择 "New" →
"Activity" → "Empty Activity" 选项，系统将打开新建的 Activity 对话框，设置 "Activity Name"
为 "QQMessageActivity"。

（3）复制相关图片（见图 3-14）到 res/drawable 文件夹中。

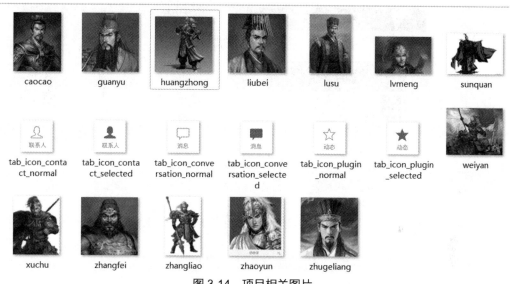

图 3-14　项目相关图片

在 res/values 文件夹中打开 strings.xml 文件，添加如下代码。

```
<string name="title_Message">消息</string>
<string name="tv_BtnAdd">添加</string>
```

（4）打开布局文件 "activity_qqmessage.xml"，切换到 Design 模式，拖动相关控件到界
面中，并设置相应的属性，其布局效果及结构如图 3-15 所示。

（5）在 res/layout 文件夹中新建 ListView 条目的布局文件 item_qqmessage.xml。切换到
Design 模式，参照图 3-1，拖动相关控件到界面中，并设置其属性，条目布局效果及结构
如图 3-16 所示。

（6）这里采用自定义适配器进行设置。首先，需要为数据建立相应的实体类，以实现
数据的解耦。新建包 "cn.edu.szpt. qqdemov2.beans"，在该包中新建 Java Class，并将其命
名为 "QQMessageBean"，如图 3-17 所示。

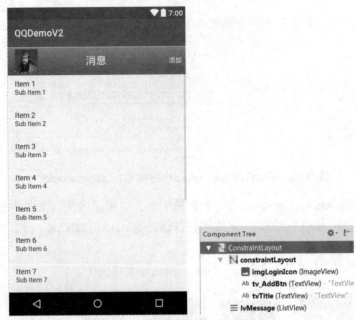

图 3-15　设置完成后的布局效果及结构

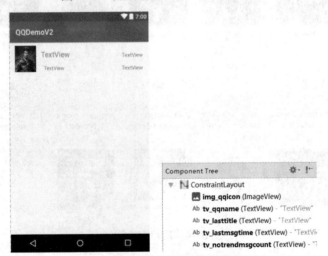

图 3-16　条目布局效果及结构

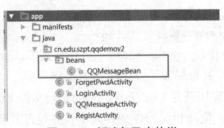

图 3-17　新建包及实体类

其次，打开 QQMessageBean.java，输入 5 个成员变量，并针对每个成员变量生成 getter、setter 及构造器方法，代码如下。

```
package cn.edu.szpt.qqdemov2.beans;
```

```
public class QQMessageBean {
private String qq_name;
private int qq_icon;
private String lastmsg_time;
private String lasttitle;
private int notreadmsg_count;

//此处省略getter、setter 及构造器方法
}
```

（7）新建包"cn.edu.szpt.qqdemov2.adapters"，用于存放项目的适配器类。在该包中新建类"QQMessageAdapter"，继承自 BaseAdapter，如图 3-18 所示。

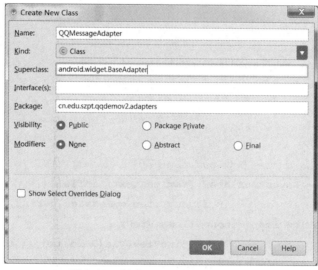

图 3-18　创建 QQMessageAdapter

打开 QQMessageAdapter.java，按"Alt+Enter"组合键实现相应的抽象方法，如图 3-19 所示。

图 3-19　实现相应的抽象方法

（8）在 QQMessageAdapter 类中添加成员变量 data 和 context。其中，data 表示适配器需要处理的数据集合，context 为上下文对象。

```
private List<QQMessageBean>data;
private Context context;
```

（9）实现 getCount()、getItem()、getItemId()和 getView()方法，代码如下。

```
public class QQMessageAdapter extends BaseAdapter {
```

```java
    private List<QQMessageBean>data;
    private Context context;

    @Override
    public int getCount() {
    return data.size();
    }

    @Override
    public Object getItem(int position) {
    return data.get(position);
    }

    @Override
    public long getItemId(int position) {
    return position;
    }

    @Override
    public View getView(int position, View convertView, ViewGroup parent) {
    View view= LayoutInflater.from(context).inflate(
                            R.layout.item_qqmessage,parent,false);
        ImageView img_qqicon= (ImageView)
                        view.findViewById(R.id.img_qqicon);
        TextView tv_qqname= (TextView)
                        view.findViewById(R.id.tv_qqname);
        TextView tv_lasttitle= (TextView)
                        view.findViewById(R.id.tv_lasttitle);
        TextView tv_lastmsgtime= (TextView)
                        view.findViewById(R.id.tv_lastmsgtime);
        TextView tv_notreadmsgcount= (TextView)
                        view.findViewById(R.id.tv_notrendmsgcount);
        QQMessageBean msg=data.get(position);
        img_qqicon.setImageResource(msg.getQq_icon());
        tv_qqname.setText(msg.getQq_name());
        tv_lasttitle.setText(msg.getLasttitle());
        tv_lastmsgtime.setText(msg.getLastmsg_time());
        tv_notreadmsgcount.setText(msg.getNotreadmsg_count()+"");
    return view;
    }
}
```

其中，getCount()方法用于获取数据的条数；getItem()和 getItemId()方法用于获取指定位置对应的数据（每一条目对应的数据对象）及 ID 值；getView()方法主要用于返回指定适配器控件中指定位置的 View 对象，它会根据位置和对应的数据产生一个 View 对象，并将其填充到适配器控件中。

在 getView()方法中，先使用 LayoutInflater 对象将指定的布局文件（item_qqmessage）扩充为一个视图对象 View，再通过 findViewById()方法找到这个 View 中包含的控件，依次赋值，最后将 View 对象作为 getView()方法的返回值返回给 ListView 对象使用。

getView()方法中有一个参数 "convertView"，这里并没有使用，它有什么作用呢？其实，所谓 convertView 就是展示在界面中的一个条目。因为手机屏幕尺寸的限制，一次展示给用户的最大条目数是固定的，如 10 条。也就是说，即使有 1000 条数据，但用于显示的条目也只有固定的 10 个，这 10 个 View 就是 convertView。当一个 convertView 滑出屏幕时，适配器就会释放其中显示的内容，并使用新的数据进行填充，这个过程中并不需要执行由布局文件扩充成 View 的步骤，而只要修改其展示的数据值即可，因而效率会提升。

下面利用 convertView 对 getView()方法进行优化。首先，在 QQMessageAdapter 中创建一个名为 "ViewHolder" 的内部类，描述条目中涉及的控件，代码如下。

```
static class ViewHolder{
    ImageView qqicon;
    TextView qqname;
    TextView lasttitle;
    TextView lastmsgtime;
    TextView notreadmsgcount;
}
```

其次，改写 getView()方法，代码如下。

```
public View getView(int position, View convertView, ViewGroup parent) {
ViewHolder holder;
if (convertView == null) {
        convertView =  LayoutInflater.from(context).inflate(
                           R.layout.item_qqmessage,parent,false);
        holder = new ViewHolder();
        holder.qqicon= (ImageView)
                           convertView.findViewById(R.id.img_qqicon);
        holder.qqname= (TextView)
                           convertView.findViewById(R.id.tv_qqname);
        holder.lasttitle= (TextView)
                           convertView.findViewById(R.id.tv_lasttitle);
        holder.lastmsgtime= (TextView)
                           convertView.findViewById(R.id.tv_lastmsgtime);
        holder.notreadmsgcount= (TextView)
                           convertView.findViewById(R.id.tv_notrendmsgcount);
        convertView.setTag(holder);
```

```
        } else {
            holder = (ViewHolder) convertView.getTag();
        }
        QQMessageBean msg=data.get(position);
        holder.qqicon.setImageResource(msg.getQq_icon());
        holder.qqname.setText(msg.getQq_name());
        holder.lasttitle.setText(msg.getLasttitle());
        holder.lastmsgtime.setText(msg.getLastmsg_time());
        holder.notreadmsgcount.setText(msg.getNotreadmsg_count()+"");
    return convertView;
}
```

（10）为 QQMessageAdapter 添加带参数的构造器方法，初始化 data 和 context，代码如下。

```
public QQMessageAdapter(List<QQMessageBean> data, Context context) {
        this.data = data;
        this.context = context;
}
```

（11）切换到 QQMessageActivity.java 文件，添加模拟生成消息数据的方法，代码如下。

```
private List<QQMessageBean> getMessageList() {
ArrayList<QQMessageBean> data=new ArrayList<QQMessageBean>();
        String[] names=new String[]{"刘备","曹操","孙权","张飞","关羽","赵云",
"诸葛亮", "黄忠","魏延"};
        int[] imgs=new int[]{R.drawable.liubei,R.drawable.caocao,
R.drawable.sunquan,R.drawable.zhangfei,R.drawable.guanyu,
R.drawable.zhaoyun, R.drawable.zhugeliang,R.drawable.huangzhong,
R.drawable.weiyan};
        for(int i=0;i<names.length;i++){
                QQMessageBean m=new QQMessageBean(names[i],imgs[i], "下午 2:30",
"hello", 3);
                data.add(m);
        }
    return data;
}
```

（12）修改 QQMessageActivity.java 文件中的 onCreate()方法，创建适配器对象，并将其添加到 ListView 对象上，代码如下。

```
public class QQMessageActivity extends AppCompatActivity {
        private ListView lvMessage;
        @Override
        protected void onCreate(Bundle savedInstanceState) {
        super.onCreate(savedInstanceState);
            setContentView(R.layout.activity_qqmessage);
```

```
    lvMessage= (ListView) findViewById(R.id.lvMessage);
        QQMessageAdapter adapter=new QQMessageAdapter(getMessageList(),this);
    lvMessage.setAdapter(adapter);
        }


    private List<QQMessageBean> getMessageList() {
        //此处省略部分代码
            }
}
```

（13）将 QQMessageActivity 窗口集成到 QQDemoV2 中。打开 LoginActivity.java 文件，添加登录按钮 btnLogin 的事件监听器。当用户单击该按钮后，跳转到 QQMessageActivity 窗口，代码如下。

```
public class LoginActivity extends AppCompatActivity {
    private TextView tvForgetPwd;
    private TextView tvRegistQQ;
    private Button btnLogin;
    @Override
    protected void onCreate(Bundle savedInstanceState) {
    super.onCreate(savedInstanceState);
      setContentView(R.layout.activity_login);
       //此处省略部分代码
      btnLogin = (Button) findViewById(R.id.btnLogin);
      btnLogin.setOnClickListener(new View.OnClickListener() {
      @Override
      public void onClick(View v) {
      Intent intent=new Intent(LoginActivity.this,
QQMessageActivity.class);
startActivity(intent);
}
});
    }
    }
```

（14）单击工具栏中的 ▣ 按钮，运行程序，运行效果如图 3-1 所示。

3.2　任务 2 实现 QQ 联系人界面

1. 任务简介

本任务将学习可扩展的下拉列表的使用，用于搭建 QQ 联系人界面，其运行效果如图 3-20 所示。

图 3-20　QQ 联系人界面运行效果

2. 相关知识

可扩展的下拉列表（ExpandableListView）本质上就是由两个具有主从关系的 ListView 组成的，所以 ListViewAdapter 中存在的方法，ExpandableListViewAdapter 中必定存在，只是需要针对 group 和 child 分别进行重写。此外，其新增了两个方法，分别是 hasStableIds() 和 isChildSelectable(int groupPosition, int childPosition)。

① hasStableIds()：用于判断 ExpandableListView 内容 ID 是否有效（返回 true 或 false），系统会根据 ID 来确定当前显示哪条内容。

② isChildSelectable(int groupPosition, int childPosition)：用于判断某个 group 中的 child 是否可选。

ExpandableListView 主要有以下 4 个监听事件。

① setOnGroupClickListener()：监听 group 元素的单击事件。

② setOnGroupExpandListener()：监听 group 元素的展开事件。

③ setOnGroupCollapseListener()：监听 group 元素的折叠事件。

④ setOnChildClickListener()：监听子元素的单击事件。注意，当需要 child 可单击时，需要通过 isChildSelectable(int groupPosition, int childPosition) 方法将对应位置的返回值设置为 true。

V3-2　实现 QQ
联系人界面

3. 任务实施

（1）在包 "cn.edu.szpt.qqdemov2" 中新建 Activity，并将其命名为 "QQContactActivity"。

（2）在 res/values 文件夹中打开 strings.xml 文件，添加如下代码。

```
<string name="title_Contact">联系人</string>
```

（3）打开布局文件 activity_qqcontact.xml，切换到 Design 模式，拖动相关控件到界面中，并设置相应的属性，其布局效果及结构如图 3-21 所示。

图 3-21 QQContactActivity 的布局效果及结构

（4）在 res/layout 文件夹中新建 ExpandableListView 条目的组元素布局文件 item_contact_group.xml，其布局效果及结构如图 3-22 所示。

图 3-22 组元素布局效果及结构

（5）在 res/layout 文件夹中新建 ExpandableListView 条目的子元素布局文件 item_contact_child.xml，其布局效果及结构如图 3-23 所示。

（6）在包 "cn.edu.szpt.qqdemov2.beans" 中新建实体类，并将其命名为 "QQContactBean"，输入 4 个成员变量，针对每个成员变量生成 getter、setter 及构造器方法，代码如下。

```
public class QQContactBean {
    private String name;
    private int img;
```

```
    private String onlinemode;
    private String newaction;

//此处省略 getter、setter 及构造器方法
}
```

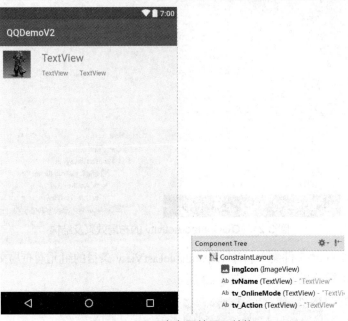

图 3-23　子元素布局效果及结构

（7）在包"cn.edu.szpt.qqdemov2.adapters"中新建适配器类，命名为"QQContact Adapter"，继承自 BaseExpandableListAdapter 类。打开该文件，按"Alt+Enter"组合键自动实现相应的 10 个抽象方法。

（8）在 QQContactAdapter 类中添加成员变量 groupdata、childdata 和 context。其中，groupdata 和 childdata 表示适配器需要处理的数据集合，context 为上下文对象，代码如下。

```
private List<String>groupdata;
private Map<String, List<QQContactBean>>childdata;
private Context context;
```

（9）实现 10 个方法，代码如下。

```
public class QQContactAdapter extends BaseExpandableListAdapter {
    private List<String>groupdata;
    private Map<String, List<QQContactBean>>childdata;
    private Context context;

    @Override
    public int getGroupCount() {
    return groupdata.size();
    }
```

```java
    @Override
    public int getChildrenCount(int groupPosition) {
    return childdata.get(groupdata.get(groupPosition)).size();
        }

    @Override
    public Object getGroup(int groupPosition) {
    return childdata.get(groupdata.get(groupPosition));
        }

    @Override
    public Object getChild(int groupPosition, int childPosition) {
    return childdata.get(groupdata.get(groupPosition)).get(childPosition);
        }

    @Override
    public long getGroupId(int groupPosition) {
    return groupPosition;
        }

    @Override
    public long getChildId(int groupPosition, int childPosition) {
    return childPosition;
        }

    @Override
    public boolean hasStableIds() {
    return false;
        }

    @Override
    public View getGroupView(int groupPosition, boolean isExpanded, View
    convertView, ViewGroup parent) {
    GroupHolder holder;
    if (convertView == null) {
        convertView= LayoutInflater.from(context).inflate(
                        R.layout.item_contact_group, parent, false);
holder=new GroupHolder();
holder.tv_grouptitle = (TextView)
```

```
convertView.findViewById(R.id.tv_grouptitle);
holder.tv_groupcount=(TextView)
convertView.findViewById(R.id.tv_groupcount);
        convertView.setTag(holder);
    } else{
        holder= (GroupHolder) convertView.getTag();
    }
    holder.tv_grouptitle.setText(groupdata.get(groupPosition));
holder.tv_groupcount.setText(childdata.get(
                            groupdata.get(groupPosition)).size() + "");
return convertView;
    }


@Override
public View getChildView(int groupPosition, int childPosition,
boolean isLastChild, View convertView, ViewGroup parent) {
ChildHolder holder;
if (convertView == null) {
        convertView= LayoutInflater.from(context).inflate(
                        R.layout.item_contact_child, parent, false);
        holder=new ChildHolder();
        holder.imgIcon= (ImageView) convertView.findViewById(R.id.
imgIcon);
        holder.tvName=(TextView) convertView.findViewById(R.id.tvName);
        holder.tvOnlineMode=(TextView) convertView.findViewById(
                                    R.id.tv_OnlineMode);
        holder.tvAction=(TextView) convertView.findViewById(R.id.tv_
Action);
        convertView.setTag(holder);
    } else{
        holder= (ChildHolder) convertView.getTag();
    }
    QQContactBean contactBean=childdata.get(groupdata.get(groupPosition))
                                    .get(childPosition);
holder.imgIcon.setImageResource(contactBean.getImg());
holder.tvName.setText(contactBean.getName());
holder.tvOnlineMode.setText("[" + contactBean.getOnlinemode() + "]  " );
holder.tvAction.setText(contactBean.getNewaction());
return convertView;
    }
```

```
    @Override
    public boolean isChildSelectable(int groupPosition, int childPosition) {
return true;
    }

    static class GroupHolder{
        TextView tv_grouptitle;
        TextView tv_groupcount;
    }

    static class ChildHolder{
        ImageView imgIcon;
        TextView tvName;
        TextView tvOnlineMode;
        TextView tvAction;
    }
}
```

（10）为 QQContactAdapter 添加带参数的构造器方法，初始化 data 和 context，代码如下。

```
    public QQContactAdapter(List<String> groupdata,
            Map<String, List<QQContactBean>> childdata, Context context) {
this.groupdata = groupdata;
this.childdata = childdata;
this.context = context;
}
```

（11）切换到 QQContactActivity.java 文件，添加成员变量及模拟生成消息数据的方法 initialData()，找到 ExpandableListView 对象，创建并设置适配器，实现显示功能，代码如下。

```
public class QQContactActivity extends AppCompatActivity {
    private ExpandableListView lv;
    private QQContactAdapter adapter;
    private String countries[] = new String[] { "蜀", "魏", "吴" };
    private String names[][] = new String[][] {
{ "刘备", "关羽", "张飞", "赵云", "黄忠", "魏延" },
                    { "曹操", "许褚", "张辽" },{ "孙权", "鲁肃", "吕蒙" } };
    private int icons[][]=new int[][]{
{R.drawable.liubei,R.drawable.guanyu,
                R.drawable.zhangfei,R.drawable.zhaoyun,
                R.drawable.huangzhong,R.drawable.weiyan},
            {R.drawable.caocao,R.drawable.xuchu,R.drawable.
            zhangliao},
                {R.drawable.sunquan,R.drawable.lusu,R.drawable.lvmeng}
    };
```

```
        private List<String>groupData;
        private Map<String, List<QQContactBean>>childData;

        @Override
        protected void onCreate(Bundle savedInstanceState) {
        super.onCreate(savedInstanceState);
        setContentView(R.layout.activity_qqcontact);
    lv=(ExpandableListView) findViewById(R.id.exlvContact);
        childData = new HashMap<String, List<QQContactBean>>();
        groupData = new ArrayList<String>();
        initialData();
adapter=new QQContactAdapter(groupData, childData, this);
lv.setAdapter(adapter);
    }


private void initialData() {
for (int i = 0; i <countries.length; i++) {
groupData.add(countries[i]);
    List<QQContactBean> list=new ArrayList<QQContactBean>();
for (int j = 0; j <names[i].length; j++) {
QQContactBean p = new QQContactBean(names[i][j], icons[i][j],
                                        "4G 在线","天天向上");

    list.add(p);
        }
childData.put(countries[i],list);
    }
    }
}
```

（12）单击工具栏中的▶按钮，运行程序，运行效果如图 3-20 所示。

3.3 任务 3 将多个界面集成到一个 Activity 中

1. 任务简介

本任务将利用 Fragment 和 ViewPager 将 QQ 消息界面和联系人界面集成到一个 Activity 中，并实现侧滑功能，其运行效果如图 3-24 所示。

2. 相关知识

（1）碎片的基本概念

为了解决不同屏幕分辨率下的 UI 设计问题，实现动态、灵活的 UI 设计，Google 在 Android 3.0(API level 11)中引入了新的 API 技术——碎片（Fragment）。其主要思路是对 Activity 中的 UI 组件进行分组和模块化管理，以达到提升代码重用性和改善用户体验的效果，这些分组后的 UI 组件就是 Fragment。

图 3-24 多界面集成运行效果

一个 Activity 中可以包含多个 Fragment 模块，而同一个 Fragment 模块也可以被多个 Activity 使用。每个 Fragment 都有自己的布局和生命周期，但因为 Fragment 必须被嵌入到 Activity 中使用，因此，Fragment 的生命周期是受其宿主 Activity 的生命周期控制的。当 Activity 暂停时，该 Activity 中的所有 Fragment 都会暂停；当 Activity 被销毁时，该 Activity 中的所有 Fragment 都会被销毁。Fragment 的生命周期如图 3-25 所示。

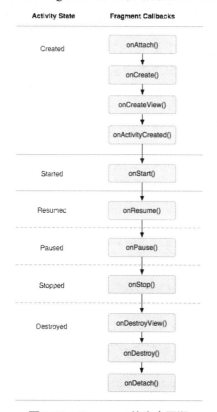

图 3-25 Fragment 的生命周期

（2）ViewPager 简介

ViewPager 是 Android 扩展包 v4 中的类，这个类可以使用户左右滑动切换当前的 View，其类图如图 3-26 所示。

ViewPager 类直接继承了 ViewGroup 类，所以它是一个容器类，可以在其中添加其他 View 类。ViewPager 也属于适配器控件，其使用方式与 ListView 等控件一样，需要为 ViewPager 设置 PagerAdapter 来完成页面和数据的绑定。当实现一个 PagerAdapter 时，至少需要重写以下几个方法。

图 3-26　ViewPager 的类图

① instantiateItem(ViewGroup, int)：负责初始化指定位置的页面，并且需要返回当前页面本身。

② destroyItem(ViewGroup, int, Object)：负责移除指定位置的页面。

③ getCount()：返回要展示的页面数量。

④ isViewFromObject(View, Object)：用来判断当前的 view 是否和 instantiateItem 方法返回的 object 是同一个 view，一般直接写为"return view == object;"。

为了简化程序的编写，Android 提供了专门的适配器以使 ViewPager 与 Fragment 一起工作，即 FragmentPagerAdapter 与 FragmentStatePagerAdapter。

FragmentPagerAdapter 和 FragmentStatePagerAdapter 均继承自 PagerAdapter 类，主要用于每一页均为 Fragment 的情况。两者的区别在于，FragmentPagerAdapter 会将每一个生成的 Fragment 都保存在内存中，切换速度快，但占用资源较多，适用于所需 Fragment 数量不多且内容信息变化不大的情况；而 FragmentStatePagerAdapter 每次只保留当前显示的 Fragment，当 Fragment 被移出显示区域后，就会被消除，释放其资源，适用于所需 Fragment 数量较多且内容变化较大的情况。

V3-3　将多个界面集成到一个 Activity 中

3. 任务实施

（1）新建布局文件 activity_main.xml，拖动相关控件，设置其属性，得到的布局效果及结构如图 3-27 所示，注意，ViewPager 需要切换到 Text 模式，手动输入如下代码。

```
<android.support.v4.view.ViewPager
        android:id="@+id/viewPager"
        android:layout_width="0dp"
        android:layout_height="0dp"
        app:layout_constraintHorizontal_bias="0.0"
        app:layout_constraintLeft_toLeftOf="parent"
        app:layout_constraintRight_toRightOf="parent"
        app:layout_constraintTop_toTopOf="parent"
        android:layout_marginBottom="0dp"
        app:layout_constraintBottom_toTopOf="@+id/radioGroup2">

    </android.support.v4.view.ViewPager>
```

图 3-27 得到的布局效果及结构

（2）在 res/drawable 文件夹中新建 3 个 Selector 文件，代码分别如下。

① tab_contact_selector.xml。

```xml
<?xml version="1.0" encoding="utf-8"?>
    <selector xmlns:android="http://schemas.android.com/apk/res/android">
    <item android:state_checked="true" android:drawable="@drawable/tab_
icon_contact_selected"></item>
    <item android:drawable="@drawable/tab_icon_contact_normal"></item>
</selector>
```

② tab_message_selector.xml。

```xml
<?xml version="1.0" encoding="utf-8"?>
    <selector xmlns:android="http://schemas.android.com/apk/res/android">
    <item android:state_checked="true" android:drawable="@drawable/tab_
icon_conversation_selected"></item>
    <item android:drawable="@drawable/tab_icon_conversation_normal"></item>
</selector>
```

③ tab_pulgin_selector.xml。

```xml
<?xml version="1.0" encoding="utf-8"?>
    <selector xmlns:android="http://schemas.android.com/apk/res/android">
    <item android:state_checked="true" android:drawable="@drawable/tab_
icon_plugin_selected"></item>
    <item android:drawable="@drawable/tab_icon_plugin_normal"></item>
</selector>
```

（3）将布局文件 activity_main.xml 中的 rbMessage、rbContact 和 rbPulgin 的 drawableTop

属性值分别修改为 tab_message_selector、tab_contact_selector 和 tab_pulgin_selector。

（4）在包 "cn.edu.szpt.qqdemov2" 中新建类，并将其命名为 "MainActivity"，继承自 "android.support.v4.app.FragmentActivity"。在 AndroidManifest.xml 文件的<application>节点下注册该 Activity。

（5）新建包 "cn.edu.szpt.qqdemov2.fragments"。在该包中新建类，并将其命名为 "QQMessageFragment"，继承自 "android.support.v4.app.Fragment"。参照 QQMessageActivity.java 中的代码，改写 QQMessageFragment.java。注意，Activity 的 onCreate()方法中的代码要对应到 Fragment 的 onCreateView()方法中。

（6）参照步骤（5），新建 QQContactFragment，参照 QQContactActivity.java 的改写代码。

（7）在包 "cn.edu.szpt.qqdemov2.adapters" 中新建类，并将其命名为 "QQFragmentPagerAdapter"，继承自 "android.support.v4.app.FragmentPagerAdapter"。

（8）重写 QQFragmentPagerAdapter 中的相关方法，具体实现代码如下。

```java
public class QQFragmentPagerAdapter extends FragmentPagerAdapter {
    private List<Fragment>mFragments;

    public QQFragmentPagerAdapter(FragmentManager fm, List<Fragment>
mFragments) {
    super(fm);
    this.mFragments = mFragments;
    }

    @Override
    public Fragment getItem(int position) {
    return mFragments.get(position);
    }

    @Override
    public int getCount() {
    return mFragments.size();
    }
}
```

（9）切换到 MainActivity.java 文件，修改相应代码，创建 QQFragmentPagerAdapter 对象，并将其设置到 ViewPager 中，代码如下。

```java
public class MainActivity extends FragmentActivity {
    private ViewPager vp;

    @Override
    protected void onCreate(@Nullable Bundle savedInstanceState) {
    super.onCreate(savedInstanceState);
    setContentView(R.layout.activity_main);
```

```
vp=(ViewPager) findViewById(R.id.viewPager);
QQFragmentPagerAdapter adapter = new QQFragmentPagerAdapter(
                    getSupportFragmentManager(), getFragmentsList());
vp.setAdapter(adapter);
    }


private List<Fragment> getFragmentsList(){
    QQMessageFragment f1=new QQMessageFragment();
    QQContactFragment f2=new QQContactFragment();
List<Fragment> data=new ArrayList<Fragment>();
    data.add(f1);
data.add(f2);
return data ;
    }

}
```

（10）修改 LoginActivity.java 的代码，使用户单击"登录"按钮后，跳转到 MainActivity 窗口。此时，滑动功能正常，但 Fragment 切换后，下方的按钮无法同步显示状态，且选中相应的单选按钮后，无法切换到相应的界面。下面将实现这两个功能，在 MainActivity 的 onCreate(@Nullable Bundle savedInstanceState)方法的末尾添加以下代码。

```
rbMessage = (RadioButton) findViewById(R.id.rbMessage);
rbContact = (RadioButton) findViewById(R.id.rbContact);
rbPulgin = (RadioButton) findViewById(R.id.rbPulgin);
radioGroup = (RadioGroup) findViewById(R.id.radioGroup2);


//滑动时，自动修改 RadioButton 的状态
vp.addOnPageChangeListener(new ViewPager.OnPageChangeListener() {
    @Override
public void onPageScrolled(int position, float positionOffset,
                            int positionOffsetPixels) {
    }

    @Override
public void onPageSelected(int position) {
switch (position){
case 0:
    rbMessage.setChecked(true);
break;
case 1:
    rbContact.setChecked(true);
break;
```

```
        }
      }

      @Override
public void onPageScrollStateChanged(int state) {
      }
  });

//选中单选按钮时，切换显示的界面
radioGroup.setOnCheckedChangeListener(new
                            RadioGroup.OnCheckedChangeListener() {
@Override
public void onCheckedChanged(RadioGroup group, @IdRes int checkedId) {
switch (checkedId){
case R.id.rbMessage:
    vp.setCurrentItem(0);
break;
case R.id.rbContact:
    vp.setCurrentItem(1);
break;
            }
        }
    });
```

（11）单击工具栏中的 ▶ 按钮，运行程序，运行效果如图 3-24 所示。

3.4　任务 4　实现圆形头像框

1. 任务简介

本任务将通过自定义 UI 控件的方式实现圆形头像框的功能，其界面运行效果如图 3-28 所示。

当采用 ImageView 控件来显示用户头像时，一般显示为矩形的样式，如果希望加上圆形的相框，则需要自定义符合要求的 UI 控件。在控件中通过代码实现头像框的绘制，过程有些类似于 PhotoShop 中的添加蒙版。具体来说，就是先获取原图像，再生成一个圆形的蒙版（也可以是其他形状），将蒙版与原图叠加，最后绘制一个边框。

2. 相关知识

（1）图像绘制

在 Android 中，通常用 Canvas 类来绘制特定的图像，Canvas 类中有很多 drawXXX 方法，可以通过这些方法绘制各种各样的图形。

Canvas 绘图有 3 个基本要素：画布、绘图坐标系及画笔。

① 画布（Canvas）：绘制图形时，需要借助 Canvas 的各种 drawXXX 方法。使用 drawXXX

方法，需要给出图形的坐标形状和画笔对象。例如，drawCircle 方法用于绘制圆形，需要
用户传入圆心的 x 和 y 坐标、圆的半径及画笔对象。

图 3-28　实现圆形头像框界面运行效果

② 绘图坐标系：Canvas 的 drawXXX 方法中传入的各种坐标指的都是绘图坐标系中的
坐标，初始状况下，绘图坐标系的坐标原点在 View 的左上角，从原点向右为 x 轴正半轴，
从原点向下为 y 轴正半轴。但绘图坐标系并不是一成不变的，可以通过调用 Canvas 的
translate()方法平移坐标系，也可以通过 Canvas 的 rotate()方法旋转坐标系，还可以通过
Canvas 的 scale()方法缩放坐标系。

③ 画笔（Paint）：其决定了绘制的图形的一些外观，如绘制的图形颜色。

（2）图像合成

在使用 Android 中的 Canvas 进行绘图时，可以使用 PorterDuffXfermode 将所绘制的图
形的像素与 Canvas 中对应位置的像素按照一定的规则进行混合，形成新的像素值，从而更
新 Canvas 中的像素颜色值。基本方式是通过 Paint.setXfermode(Xfermode xfermode)方法，
传入 PorterDuffXfermode 参数，指定画笔的绘图方式。

所谓 PorterDuffXfermode 其实是由 Porter 和 Duff 两个人的名字组成的，这两个人在 1984
年共同发表了一篇名为《Compositing Digital Images》的论文，论述了实现不同数字图像时，
像素之间是如何进行混合的，并提出了多种像素混合的模式。PorterDuffXfermode 支持十几
种像素颜色的混合模式，不同混合模式的效果如图 3-29 所示。

（3）自定义属性

declare-styleable 用于为自定义控件添加自定义属性。若想定义自己的属性，需要在
res/values 文件夹中创建 attrs.xml 文件，代码如下。

```xml
<?xml version="1.0" encoding="utf-8"?>
  <resources>
```

```
    <declare-styleable name="MyCircleImageAttr">
        <attr name="border_width" format="dimension" />
        <attr name="border_color" format="color"  />
    </declare-styleable>
</resources>
```

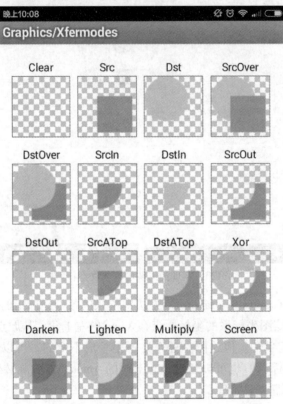

图 3-29　PorterDuffXfermode 不同混合模式的效果

其中，name = " MyCircleImageAttr " 用于指定该组属性的名称，以在不同的自定义控件间建立区分。因为一个项目可以有多个自定义控件，但是只能有一个 attrs.xml 文件，所以需要用一个标签来区分各个自定义控件的属性集。

每一个 attr 元素都包含名称（name）和格式（format）属性，名称即为属性的名称，而格式就是用于声明该属性接收的数据的格式。常用的格式有以下几种。

① reference：参考某一资源 ID，如图片资源的引用。

② color：颜色值，如字体颜色。

③ dimension：尺寸值，如宽度和高度。

V3-4　实现圆
形头像框

3. 任务实施

（1）创建包"cn.edu.szpt.qqdemov2.widgets"，在该包中新建类 MyCircleImageView，其继承自 ImageView 类。

（2）在 MyCircleImageView 类中添加相关成员变量，并实现构造器方法，代码如下面代码中粗体部分所示。

```
public class MyCircleImageView extends
android.support.v7.widget.AppCompatImageView {
private Context mContext;
private Bitmap mask;
private Paint paint;
private int mBorderWidth = 10;
private int mBorderColor = Color.parseColor("#f2f2f2");

public MyCircleImageView(Context context, AttributeSet attrs) {
super(context, attrs);
this.mContext = context;
paint = new Paint();
paint.setAntiAlias(true);
paint.setFilterBitmap(true);
paint.setXfermode(new PorterDuffXfermode(PorterDuff.Mode.DST_IN));
    }

}
```

（3）编写 createOvalBitmap 方法，用于生成圆形的蒙版，代码如下。

```
private Bitmap createOvalBitmap(int width, int height) {
        //ARGB 各为 8 位，总共 32 位
        Bitmap.Config localConfig = Bitmap.Config.ARGB_8888;
        Bitmap localBitmap = Bitmap.createBitmap(width, height, localConfig);
        Canvas localCanvas = new Canvas(localBitmap);
        Paint localPaint = new Paint();
        //减的数字越大，遮住的范围越大
        int  padding = (mBorderWidth - 2) > 0 ? mBorderWidth - 2 : 1;
        RectF localRectF = new RectF(padding, padding, width - padding,
height - padding);
        localCanvas.drawOval(localRectF, localPaint);
        return localBitmap;
}
```

（4）编写 drawBorder 方法，用于绘制边框，代码如下。

```
Private void drawBorder(Canvas canvas, finalint width, finalint height) {
        if (mBorderWidth == 0) {    return;  }
        final Paint mBorderPaint = new Paint();
        mBorderPaint.setStyle(Paint.Style.STROKE);
        mBorderPaint.setAntiAlias(true);
        mBorderPaint.setColor(mBorderColor);
```

```
        mBorderPaint.setStrokeWidth(mBorderWidth);
        //圆心的 x、y 坐标，圆的半径和画笔
        canvas.drawCircle(width >> 1, height >> 1, (width - mBorderWidth) >> 1,
        mBorderPaint);
        canvas = null;
}
```

（5）重写 onDraw 方法，实现原图与圆形蒙版的混合，并绘制边框，代码如下。

```
protected void onDraw(Canvas canvas) {
        //通过 getDrawable 得到 ImageView 的 drawable 的属性
        Drawable drawable = getDrawable();
        if (drawable == null) { return; }
        int width = getWidth();
        int height = getHeight();
        //保存到栈中
        int layer = canvas.saveLayer(0.0F, 0.0F, width, height, null,
                                     Canvas.ALL_SAVE_FLAG);
        drawable.setBounds(0, 0, width, height);
        drawable.draw(canvas);
        if ((this.mask == null) || (this.mask.isRecycled())) {
            this.mask = createOvalBitmap(width, height);
        }
        canvas.drawBitmap(this.mask, 0, 0, paint);
        canvas.restoreToCount(layer);
        drawBorder(canvas, width, height);
        }
```

（6）打开 res/layout 文件夹中的 activity_qqmessage.xml 文件，将其中的 "ImageView"
替换为 "cn.edu.szpt.qqdemov2.widgets.MyCircleImageView"，此时，在消息界面中，登录用
户的头像已经换成圆形头像框。

（7）但这个头像框的宽度和颜色都是固定的，如果想要由用户指定呢？这就需要用到
自定义属性了。在 res/values 文件夹中新建 attrs.xml，设置其自定义属性，代码如下。

```
<?xml version="1.0" encoding="utf-8"?>
    <resources>
    <declare-styleable name="MyCircleImageAttr">
    <attr name="border_width" format="dimension" />
    <attr name="border_color" format="color"  />
    </declare-styleable>
    </resources>
```

其中，border_width 属性表示边框的宽度，border_color 属性表示边框的颜色。

（8）修改 activity_qqmessage.xml 文件中 "cn.edu.szpt.qqdemov2.widgets.MyCircleImage
View" 节点的内容，增加自定义属性 border_width 和 border_color，如图 3-30 所示。

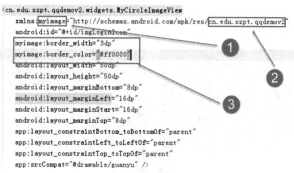

图 3-30 增加自定义属性

其中，①表示用户为属性定义的前缀，类似于"android:"；②为项目的包名；③为自定义属性的值，这里设置宽度为 3dp，边框颜色为红色。

（9）修改 MyCircleImageView.java 文件中的构造器方法的相关代码，如下所示。此时，在消息界面中，登录用户头像的圆形框将会变为红色。

```java
public MyCircleImageView(Context context, AttributeSet attrs) {
    //此处代码不变，省略


    TypedArray a = context.obtainStyledAttributes(attrs,
    R.styleable.MyCircleImageAttr);
    mBorderColor = a.getColor(R.styleable.MyCircleImageAttr_border_color,
    mBorderColor);
    final int default = (int) (2 * context.getResources()
            .getDisplayMetrics().density + 0.5f);
    mBorderWidth = a.getDimensionPixelOffset(
            R.styleable.MyCircleImageAttr_border_width, default);
    a.recycle();
}
```

（10）将 res/layout 文件夹中的 activity_qqmessage.xml、activity_qqcontact.xml、item_qqmessage.xml 和 item_contact_child.xml 中显示头像的控件 ImageView 修改为"cn.edu.szpt.qqdemov2.widgets.MyCircleImageView"，并参照步骤（8）的设置，将属性设置为 border_width= " 3dp "，border_color= " #f2f2f2 "。

（11）单击工具栏中的 ▶ 按钮，运行程序，运行效果如图 3-28 所示。

3.5 任务 5 添加菜单和对话框

1. 任务简介

本任务将为 QQDemoV2 项目添加菜单和对话框，运行效果如图 3-31 所示。

2. 相关知识

（1）菜单

Android 中常用的菜单有两种，分别是选项菜单（Options Menu）和上下文菜单（Context

Menu）。选项菜单显示在右上角 ActionBar 的位置，上下文菜单则可能显示在控件视图范围内任何能被长按的位置。

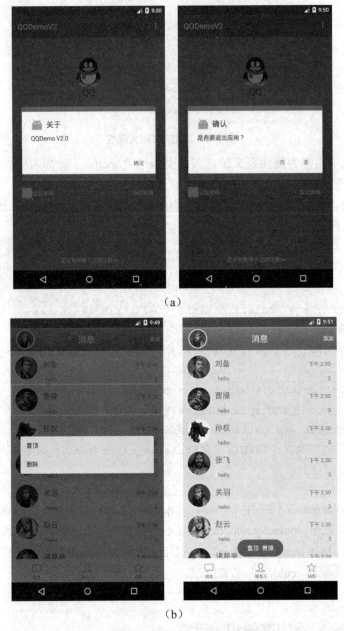

图 3-31　添加菜单和对话框后的运行效果

新建项目"Ex03_menudialog"，添加 Empty Activity。在 res/menu 文件夹中新建 XML 文件（menu_main.xml）来定制菜单项，代码如下。

```xml
<?xml version="1.0" encoding="utf-8"?>
    <menu xmlns:app="http://schemas.android.com/apk/res-auto"
        xmlns:android="http://schemas.android.com/apk/res/android">
    <item  android:id="@+id/menuitem_about"  android:title="关于" />
```

```
<item android:id="@+id/menuitem_exit"  android:title="退出" />
</menu>
```

切换到 MainActivity.java 文件，重写 onCreateOptionsMenu 方法，以显示选项菜单，代码如下。

```
public boolean onCreateOptionsMenu(Menu menu) {
    getMenuInflater().inflate(R.menu.menu_main,menu);
    return true;
}
```

运行后，单击图 3-32 所示方框中的 3 个点，显示选项菜单。

图 3-32　显示选项菜单

上下文菜单与选项菜单类似，只是需要重写 onCreateContextMenu 方法。此外，还需要将该上下文菜单注册到相应的控件上，如注册到 TextView 上，这样，用户长按 TextView 控件后，将会弹出上下文菜单。相关代码如下。

```
public class MainActivity extends AppCompatActivity {
    TextView textView;
        @Override
    protected void onCreate(Bundle savedInstanceState) {
    super.onCreate(savedInstanceState);
        setContentView(R.layout.activity_main);
    textView= (TextView) findViewById(R.id.tv);
        registerForContextMenu(textView);
    }
//以下代码省略
}
```

（2）对话框

对话框是一种显示于主界面之上的界面元素。Android 提供了多种对话框，常用的主要有 AlertDialog（警告对话框）、DatePickerDialog（日期选择对话框）、TimePickerDialog（时间选择对话框）和 ProgressDialog（进度条对话框）。

AlertDialog（警告对话框）是一个可以有 0～3 个按钮，可包含单选按钮或复选框列表的对话框。创建 AlertDialog 对象时，不能直接使用 new 来创建，而需要使用 AlertDialog.Builder 类。通常使用 AlertDialog.Builder(Context)来得到一个 Builder 对象，再使用该类的公有方法来定义 AlertDialog 的属性，最后使用 show()方法显示对话框。警告对话框是一种最常见的对话框，可以创建大多数的交互界面，其常用方法如下。

① setCancelable()：设置是否可以用返回键关闭对话框。其参数为布尔类型。

② setIcon()：设置对话框的图标，其参数可以是 Drawable 类型，也可以是 Drawable 类型

资源的整数 ID。

③ setMessage()：设置对话框的提示信息。

④ setPositiveButton()：用于为对话框中的"Yes"按钮设置监听器。

⑤ setNegativeButton()：用于为对话框中的"No"按钮设置监听器。

⑥ setOnCancelListener()：用于为对话框中的"Cancel"按钮设置监听器。

⑦ setOnItemSelectedListener()：用于设置当列表中的元素被选中时的监听器对象。

⑧ setOnKeyListener()：用于设置按键被按下时的监听器对象。

⑨ show()：显示对话框。

⑩ setSingleChoiceItems()：设置对话框中单选按钮的显示列表。

⑪ setMultiChoiceItems()：设置对话框中复选框的显示列表。

⑫ setTitle()：设置对话框标题。

DatePickerDialog（日期选择对话框）类主要用于获取和设置日期，其使用方法比较简单，直接使用 new 创建对象，再调用对象的方法即可。其常用方法如下。

① updateDate ()：通过参数传入日期中的年、月、日信息来更新日期。

② onDateChanged()：日期修改后的回调方法。

③ show()：显示日期对话框。

TimePickerDialog（时间选择对话框）类主要用于获取和设置时间，其使用方法比较简单，直接使用 new 创建对象，再调用对象的方法即可。其常用方法如下。

① updateTime()：通过参数传入时间中的小时、分钟信息来更新时间。

② onTimeChanged()：时间修改后的回调方法。

③ onClick ()：当对话框中的按钮被单击时触发。

ProgressDialog（进度条对话框）类主要用于显示任务的进度情况。其常用方法如下。

① getMax()：获取进度条的最大值。

② getProgress()：获取进度条的当前值。

③ setMax()：设定进度条的最大值。

④ setMessage()：设定当前进度条的显示内容。其中，参数 message 用于显示消息内容。

⑤ onStart()：对话框启动时被调用。

⑥ setProgressStyle()：设定进度条的显示样式。其中，参数 style 用于设定当前对话框进度条的样式，如横式或者竖式等。

⑦ setProgress ()：设定当前进度条的进度值。其中，参数 value 表示当前进度条值。

V3-5 添加菜单和对话框

3. 任务实施

（1）在项目"QQDemoV2"中，打开 res/values 文件夹中的 strings.xml，添加如下代码。

```xml
<string name="menuitem_about">关于</string>
<string name="menuitem_exit">退出</string>
<string name="dialog_about_title">关于</string>
<string name="dialog_about_message">QQDemo V2.0</string>
<string name="dialog_btn_yes">是</string>
```

```
<string name="dialog_btn_no">否</string>
<string name="dialog_btn_ok">确定</string>
<string name="dialog_exit_title">确认</string>
<string name="dialog_exit_message">是否要退出应用？</string>
```

（2）为 LoginActivity 窗体添加选项菜单。在 res/menu 文件夹中新建 menu_login.xml 文件，代码如下。

```
<?xml version="1.0" encoding="utf-8"?>
    <menu xmlns:app="http://schemas.android.com/apk/res-auto"
    xmlns:android="http://schemas.android.com/apk/res/android">
<item android:id="@+id/menuitem_About"
            android:title="@string/menuitem_about" />
    <item    android:id="@+id/menuitem_Exit"
android:title="@string/menuitem_exit" />
</menu>
```

重写 LoginActivity 中的 onCreateOptionsMenu()方法，代码如下。

```
@Override
public boolean onCreateOptionsMenu(Menu menu) {
    getMenuInflater().inflate(R.menu.menu_login,menu);
return true;
}
```

（3）重写 LoginActivity 中的 onOptionsItemSelected()方法。当选择"关于"选项时，打开对话框并显示系统信息；当选择"退出"选项时，打开对话框，询问"是否要退出应用？"，单击"是"按钮可退出应用，否则不做任何操作，代码如下。其运行效果如图 3-31（a）所示。

```
@Override
public boolean onOptionsItemSelected(MenuItem item) {
    AlertDialog.Builder builder=new AlertDialog.Builder(this);
switch (item.getItemId()){
case R.id.menuitem_About:
            builder.setTitle(R.string.dialog_about_title)
                .setIcon(R.mipmap.ic_launcher)
                .setMessage(R.string.dialog_about_message)
                .setPositiveButton(R.string.dialog_btn_ok,null)
                .show();
break;
case R.id.menuitem_Exit:
        builder.setTitle(R.string.dialog_exit_title)
        .setIcon(R.mipmap.ic_launcher)
        .setMessage(R.string.dialog_exit_message)
        .setPositiveButton(R.string.dialog_btn_yes,
            new DialogInterface.OnClickListener() {
```

```
            @Override
            public void onClick(DialogInterface dialog, int which) {
System.exit(0);
                }
            })
        .setNegativeButton(R.string.dialog_btn_no,null)
        .show();
        break;
    }
    return true;
}
```

（4）打开 QQMessageFragment，为 ListView 添加上下文菜单。在 res/values 文件夹中打开 strings.xml，添加如下代码。

```
<string name="menuitem_gotop">置顶</string>
<string name="menuitem_delete">删除</string>
```

在 res/menu 文件夹中新建 menu_message.xml 文件，代码如下。

```
<?xml version="1.0" encoding="utf-8"?>
    <menu xmlns:app="http://schemas.android.com/apk/res-auto"
        xmlns:android="http://schemas.android.com/apk/res/android">
    <item android:id="@+id/menuitem_gotop"
        android:title="@string/menuitem_gotop" />
    <item android:id="@+id/menuitem_deletemsg"
        android:title="@string/menuitem_delete" />
    </menu>
```

（5）打开包 "cn.edu.szpt.qqdemov2.fragments" 中的 QQMessageFragment.java 文件，重写 onCreateContextMenu()方法，代码如下。

```
@Override
public void onCreateContextMenu(ContextMenu menu, View v,
    ContextMenu.ContextMenuInfo menuInfo) {
    super.onCreateContextMenu(menu, v, menuInfo);
    getActivity().getMenuInflater().inflate(R.menu.menu_message,menu);
    }
```

（6）在 QQMessageFragment.java 文件中，在 onCreateView()方法的 return 语句前添加一条语句，将上下文菜单关联到 ListView 控件上，代码如下。

```
registerForContextMenu(lvMessage);
```

（7）重写 QQMessageFragment.java 文件中的 onContextItemSelected()方法，响应上下文菜单的单击事件，通过 goTop()和 deleteMsg()方法分别获取长按列表项时的信息，运行效果如图 3-31(b)所示，代码如下。

```
@Override
public boolean onContextItemSelected(MenuItem item) {
```

```
    switch (item.getItemId()){
    case R.id.menuitem_gotop:
        goTop(item);
    break;
    case R.id.menuitem_deletemsg:
        deleteMsg(item);
    break;
        }
    return super.onContextItemSelected(item);
    }


private void goTop(MenuItem item){
    ContextMenu.ContextMenuInfo info = item.getMenuInfo();
    AdapterView.AdapterContextMenuInfo contextMenuInfo =
    (AdapterView.AdapterContextMenuInfo) info;
    //获取选中行的位置
    int position = contextMenuInfo.position;
    //获取 QQ 名称
    String qname = lvData.get(position).getQq_name();
    Toast.makeText(getContext(),item.getTitle() + "  " +
qname,Toast.LENGTH_SHORT).show();
    }


private void deleteMsg(MenuItem item){
    ContextMenu.ContextMenuInfo info = item.getMenuInfo();
    AdapterView.AdapterContextMenuInfo contextMenuInfo =
    (AdapterView.AdapterContextMenuInfo) info;
    //获取选中行的位置
    int position = contextMenuInfo.position;
    //获取 QQ 名称
    String qname = lvData.get(position).getQq_name();
    Toast.makeText(getContext(),item.getTitle() + "  " +
qname,Toast.LENGTH_SHORT).show();
    }
```

3.6 课后练习

（1）自学 GridView 控件的相关知识，并尝试使用。

（2）新建一个 Fragment，使用 GridView 控件，通过定义实体类（QQPluginBean）、适配器类（QQPluginAdapter，继承自 BaseAdapter 类），实现图 3-33 所示的界面效果，并将其加入到 MainActivity 中，实现以下功能：当用户侧滑或选中下方的 RadioButton 时，可以切换到"动态"Fragment，并同步修改相应 RadioButton 的状态。

图 3-33　GridView 界面效果

第4章 Android 本地存储

学习目标

- 了解 SharedPreferences 存储机制，能够实现简单信息的存储。
- 了解 ContentProvider 的工作机制。
- 熟练掌握 SQLite 数据库的使用，完成对 QQDemoV2 项目的数据库的改造。
- 熟练掌握 ContentProvider 的使用。

本章将在 QQDemoV2 的基础上，加入本地数据支持，形成 QQDemoV3，涵盖 SharedPreferences、SQLite 和 ContentProvider 等多种本地数据存储形式的综合应用。其中，SharedPreferences 是一种采用键值对方式存储信息的机制，主要用于存放一些简单的配置信息；SQLite 是 Android 自带的一个轻量级的嵌入式数据库，它支持 SQL 语句，能够方便地存储关系型数据；ContentProvider 是 Android 为了实现应用程序之间的数据共享而提供的一种机制，供应用程序将私有数据开放给其他应用程序使用。

4.1 任务1 实现记录信息功能

1. 任务简介

本任务将通过 SharedPreferences 来记录用户输入的 QQ 号码和密码，具体流程如下：当用户勾选"记住密码"复选框且登录成功后，程序将记录相关信息，并在下次进入程序时自动填入，如图 4-1 所示。

2. 相关知识

SharedPreferences 是 Android 平台上的一个轻量级的存储类，用于保存应用的一些常用配置参数，如用户名、常用设置等。其原理是通过 Android 系统生成一个 XML 文件，将数据以类似键值对的方式存储起来。该文件通常在"/data/data/包名/shared_prefs"目录中。其主要特点如下。

（1）只支持 Java 基本数据类型，如 int、long、boolean、string、float 等，如需保存自定义数据类型，则通常需要将复杂类型的数据转换为 Base64 编码，再将转换后的数据以字符串的形式保存在 XML 文件中。

（2）数据只能在应用内共享。

图 4-1　记录信息

（3）使用简单。

将数据存入 SharedPreferences 主要包括以下几步。

① 获得 SharedPreferences 对象。

```
SharedPreferences settings=getSharedPreferences("setting", MODE_PRIVATE);
```

② 获取一个 SharedPreferences.Editor 对象。

```
SharedPreferences.Editor editor=settings.edit();
```

③ 向 SharedPreferences.Editor 对象中添加数据。

```
editor.putString("name", "sohu");
```

④ 提交添加的数据。

```
editor.commit();
```

将数据从 SharedPreferences 中读出主要包括以下几步。

① 获得 SharedPreferences 对象。

```
SharedPreferences settings=getSharedPreferences("setting", MODE_PRIVATE);
```

② 获取数据。

```
String name=settings.getString("name","");
```

3. 任务实施

（1）参照第 3 章任务 2 的任务实施中步骤（1）的操作，将项目 QQDemoV2 重命名为 QQDemoV3。

（2）打开 LoginActivity.java 文件，添加成员变量 etQQName、etQQPwd 和 chkRememberPwd。

V4-1　实现记录信息功能

```
private EditText etQQName;
private EditText etQQPwd;
private CheckBox chkRememberPwd;
```

（3）在 LoginActivity.java 文件的 onCreate()方法中，通过 findViewById()方法获取布局文件中的相应控件，代码如下。

```
etQQName= (EditText) findViewById(R.id.etQQName);
etQQPwd= (EditText) findViewById(R.id.etQQPwd);
chkRememberPwd= (CheckBox) findViewById(R.id.chkRememberPwd);
```

（4）在 LoginActivity.java 文件的 onCreate()方法中修改"登录"按钮监听器的相关代码，当用户单击"登录"按钮时，如果勾选了"记住密码"复选框，则先将用户输入的 QQ 号码和密码记录在 SharedPreferences 中，再跳转到 MainActivity，代码如下。

```
btnLogin.setOnClickListener(new View.OnClickListener() {
    @Override
    public void onClick(View v) {
    if(chkRememberPwd.isChecked()) {
    SharedPreferences settings = getSharedPreferences(
                                    "setting",MODE_PRIVATE);
        SharedPreferences.Editor editor = settings.edit();
        editor.putString("qqnum",etQQName.getText().toString());
        editor.putString("pwd",etQQPwd.getText().toString());
        editor.commit();
    }
        Intent intent=new Intent(LoginActivity.this,MainActivity.class);
        startActivity(intent);
    }
});
```

（5）运行后，打开 Android Studio，选择"Tool-"→"Android"→"Android Device Monitor"选项，打开 DDMS，选择"File Explorer"选项卡，可以在相应的目录下找到 setting.xml 文件，如图 4-2 所示。

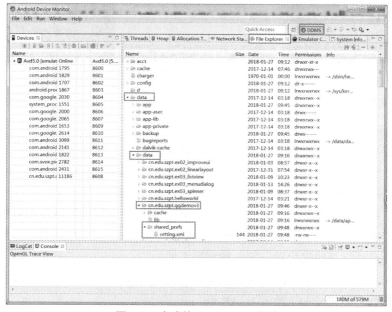

图 4-2　生成的 setting.xml 文件

（6）在 LoginActivity.java 文件中，在 onCreate()方法的末尾添加如下代码，当用户再次打开应用时，系统会自动填入 QQ 号码和密码。

```
SharedPreferences settings = getSharedPreferences("setting", MODE_PRIVATE);
etQQName.setText(settings.getString("qqnum",""));
etQQPwd.setText(settings.getString("pwd",""));
```

（7）单击工具栏中的▶按钮，运行程序，运行效果如图 4-1 所示。

4.2 任务 2 使用 SQLite 实现登录功能

1. 任务简介

在 QQDemoV2 中，只是模拟实现了登录的功能，并未对用户名和密码进行验证。本任务将通过 SQLite 实现用户登录的本地验证，若验证通过，则跳转到 MainActivity，否则给出信息提示，运行效果如图 4-3 所示。

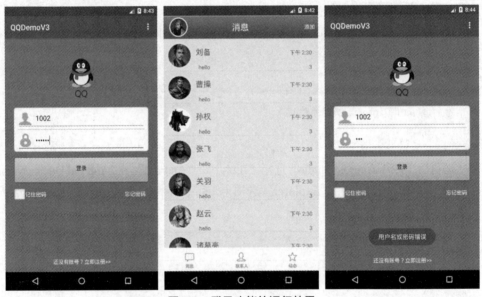

图 4-3　登录功能的运行效果

2. 相关知识

（1）SQLite 简介

SQLite 是一个流行的开源嵌入式数据库，它支持 SQL，具有占用内存少、运行性能好的突出优点，特别适用于嵌入式设备等比较受限的应用场景。Android 在运行时集成了 SQLite，所以每个 Android 应用程序都可以使用 SQLite 数据库。

SQLite 支持的数据类型分别是 null、integer、real（浮点数字）、text（字符串文本）和 blob（二进制对象），也可接收 varchar(n)、char(n)、decimal(p,s)等数据类型的数据，但在运算或保存时会自动将其转换为对应的 5 种数据类型。

一般情况下，可以采用 JDBC 访问数据库，但因为 JDBC 会消耗较多的系统资源，所以 Android 采用了专门的 API 来访问 SQLite。

① SQLiteDatabase。一个 SQLiteDatabase 的实例代表了一个 SQLite 的数据库，通过

SQLiteDatabase 实例的一些方法，可以执行 SQL 语句，对数据库进行增、删、查、改等操作。在 SQLite 中，SQL 语法基本上符合 SQL-92 标准，SQL 语句的写法与主流的数据库基本类似。

SQLiteDatabase 类封装了一套操作数据库的 API，支持增、删、查、改操作，主要包括 execSQL()和 rawQuery()方法。

execSQL()：执行 insert、delete、update 和 create table 一类的有更改行为的 SQL 语句。

rawQuery()：执行 select 语句。该方法会返回一个 Cursor，这是 Android 的 SQLite 数据库游标，使用游标，用户可以在结果集中来回移动，每次对应一行数据，并可通过相应的 get 方法获取指定字段的值。

在实际运用中，为了避免 SQL 注入式攻击，通常会采用带参数的 SQL 语句，使用"？"作为 SQL 参数占位符，示例如下。

```
db.execSQL("insert into person(name, age) values ( ? ,? )",new Object[]{"小
张", 20} );
```

其中，第一个参数为 SQL 语句，第二个参数为 SQL 语句中占位符参数的值，参数值在数组中的顺序要和占位符的位置对应。

② SQLiteOpenHelper。在 Android 应用程序中使用 SQLite 时，必须手动创建数据库，再创建表、索引、填充数据，这样比较麻烦，因此，Android 提供了 SQLiteOpenHelper 类来帮助用户创建数据库，以及对数据库的版本进行管理。SQLiteOpenHelper 是一个抽象类，通常需要继承它，并实现以下 3 个方法。

构造器方法：默认情况下需要 4 个参数，即上下文环境（如一个 Activity）、数据库名称、可选的游标工厂（通常为 null）和数据库版本。

onCreate()方法：在数据库第一次生成的时候会调用这个方法，一般在这个方法中生成数据库表。它需要一个 SQLiteDatabase 对象作为参数，根据需要对这个对象进行填充表和初始化数据操作。

onUpgrade()方法：当数据库需要升级的时候，Android 会主动调用这个方法。一般在这个方法中删除数据表，并建立新的数据表，而是否需要做其他的操作，完全取决于应用的需求。

（2）SQLite 基本操作示例

这里通过一个示例来展示 SQLite 的基本操作。新建一个项目，并将其命名为"Ex04_sqlite"，切换到"activity_main.xml"布局文件，其设计界面及组件命名如图 4-4 所示。

新建一个类，并将其命名为"DatabaseHelper"，继承自 SQLiteOpenHelper 类，重写相关方法，代码如下。

```
public class DatabaseHelper extends SQLiteOpenHelper {
  public DatabaseHelper(Context context, String name,
                  SQLiteDatabase.CursorFactory factory, int version) {
super(context, name, factory, version);
    }
@Override
public void onCreate(SQLiteDatabase db) {
```

```
String sql = "CREATE TABLE Books(BookNo  integer not null, BookName text not
                    null );";
    Log.i("Ex04:","createDB="+sql);
    db.execSQL(sql);
  }
@Override
public void onUpgrade(SQLiteDatabase db, int oldVersion, int newVersion) {
    //这里暂时不考虑升级问题
  }
}
```

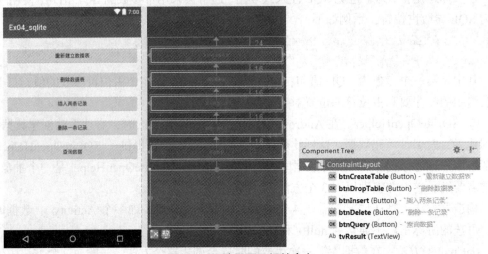

图 4-4　设计界面及组件命名

切换到 MainActivity.java 文件，定义如下成员变量。

```
private Button btnCreateTable;
private Button btnDropTable;
private Button btnInsert;
private Button btnDelete;
private Button btnQuery;
private TextView tvResult;
private DatabaseHelper helper;
```

在 MainActivity.java 中，依次定义 createTable()、dropTable()、insertData()、deleteData() 和 queryData()方法，具体代码如下。

```
private void createTable(){
SQLiteDatabase db=helper.getWritableDatabase();
String sql = "CREATE TABLE Books(BookNo  integer not null, BookName text not
 null )";
Log.i("Ex04","createTable="+ sql);
db.execSQL(sql);
```

```
tvResult.setText("重建表格成功");
}

private void dropTable(){
SQLiteDatabase db=helper.getWritableDatabase();
String sql = "Drop TABLE Books";
Log.i("Ex04","dropTable="+ sql);
db.execSQL(sql);
tvResult.setText("删除表格成功");
}

private void insertData(){
SQLiteDatabase db=helper.getWritableDatabase();
String sql = "Insert into Books(BookNo, BookName) values(?,?)";
Log.i("Ex04","insert="+sql);
db.execSQL(sql,new Object[]{1001,"面向对象程序设计（Java）"});
db.execSQL(sql,new Object[]{1002,"移动应用开发"});
tvResult.setText("插入两条数据");
}

private void deleteData(){
SQLiteDatabase db=helper.getWritableDatabase();
String sql = "delete from Books where BookNo=?";
 Log.i("Ex04","delete="+ sql);
db.execSQL(sql,new Object[]{1001});
tvResult.setText("删除一条数据");
}

private void queryData(){
 SQLiteDatabase db=helper.getWritableDatabase();
  String sql = "select * from Books";
 Log.i("Ex04","query="+sql);
  Cursor cursor = db.rawQuery(sql,null);
  StringBuilder s=new StringBuilder();
while(cursor.moveToNext()){
        s.append("书籍编号: " + cursor.getInt(cursor.getColumnIndex
                ("BookNo")) +"\t");
        s.append("书籍名称: " +
                cursor.getString(cursor.getColumnIndex("BookName")) + "\n");
  }
```

```
tvResult.setText(s.toString());
    }
```

在 MainActivity.java 中，修改 onCreate()方法的代码，初始化成员变量，为按钮控件设置监听器，实现相应的功能。

3. 任务实施

（1）打开项目 QQDemoV3，新建包"cn.edu.szpt.qqdemov3.dbutils"，如图 4-5 所示。

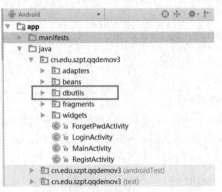

V4-2　使用 SQLite
实现登录功能

图 4-5　新建包

（2）在包"cn.edu.szpt.qqdemov3.dbutils"中新建类 Db_Params，以静态常量形式存放数据库的相关参数。

```
public class Db_Params {
    public static final String DB_NAME="QQ_DB";
    public static final int DB_VER=1;
}
```

（3）在包"cn.edu.szpt.qqdemov3.dbutils"中新建类 MyDbHelper，其继承自 SQLiteOpenHelper类，重写相关方法，用于创建数据库，并初始化数据。

```
public class MyDbHelper extends SQLiteOpenHelper {
public MyDbHelper(Context context, String name,
        SQLiteDatabase.CursorFactory factory, int version) {
        super(context, name, factory, version);
    }


@Override
public void onCreate(SQLiteDatabase db) {
String sql="CREATE TABLE [QQ_Login](" +
            " [qq_num] VARCHAR(20) PRIMARY KEY NOT NULL, " +
            " [qq_name] VARCHAR NOT NULL, " +
            " [qq_pwd] VARCHAR NOT NULL, [qq_img] INT, " +
            " [qq_online] VARCHAR, [qq_action] VARCHAR, " +
            " [belong_country] VARCHAR);";
```

```
db.execSQL(sql);
  initData(db);
    }

private void initData(SQLiteDatabase db){
String countries[] = new String[] { "蜀", "魏", "吴" };
String nums[][] = new String[][] {
{ "1001", "1002", "1003", "1004", "1005", "1006" },
 { "2001", "2002", "2003" },{ "3001",  "3002", "3003" } };
   String names[][] = new String[][] {
                { "刘备", "关羽", "张飞", "赵云", "黄忠", "魏延" },
                { "曹操", "许褚", "张辽" },{ "孙权",  "鲁肃", "吕蒙" } };
          int icons[][]=new int[][]{
  {R.drawable.liubei,R.drawable.guanyu,R.drawable.zhangfei,
                R.drawable.zhaoyun,R.drawable.huangzhong,
                R.drawable.weiyan},
  {R.drawable.caocao,R.drawable.xuchu,R.drawable.zhangliao},
                {R.drawable.sunquan,R.drawable.lusu,R.drawable.lvmeng}
   };
         String sql="insert into QQ_Login(qq_num,qq_name,qq_pwd,qq_img,
                + "qq_online,qq_action,belong_country) " +
                " values(?,?,?,?,?,?,?)";
for(int i=0;i<countries.length;i++)
for(int j=0;j<names[i].length;j++){
                db.execSQL(sql,new Object[]{nums[i][j],names[i][j],
                        "123456",icons[i][j],"4G在线",
                        "天天向上",countries[i]});

          }
}

@Override
public void onUpgrade(SQLiteDatabase db, int oldVersion, int newVersion) {

    }
}
```

（4）根据 QQ_Login 表的定义，修改包 "cn.edu.szpt.qqdemov3.beans" 中的 QQContact 类，添加两个成员变量，代码如下，同时添加对应的 getter、setter 及构造器方法。

```
private String num;
private String belong_country;
```

（5）在 MainActivity.java 中，添加一个公有的静态变量 loginedUser，用于存储登录用户的相关信息。

```
public static QQContactBean loginedUser;
```

（6）切换到 LoginActivity.java 文件，修改 onCreate()方法中登录按钮的监听器处理代码，实现本地数据库的验证功能。

```
    btnLogin.setOnClickListener(new View.OnClickListener() {
@Override
public void onClick(View v) {
MyDbHelper helper = new MyDbHelper(getApplicationContext(),
                        Db_Params.DB_NAME, null, Db_Params.DB
                        _VER);
    SQLiteDatabase db = helper.getReadableDatabase();
    String sql = "select * from QQ_Login where qq_num=? and qq_pwd=?";
    Cursor cursor = db.rawQuery(sql, new String[]{
    etQQName.getText().toString(),
    etQQPwd.getText().toString()});
    if (cursor.moveToNext()) {
MainActivity.loginedUser = new QQContactBean(
            cursor.getString(cursor.getColumnIndex("qq_num")),
            cursor.getString(cursor.getColumnIndex("qq_name")),
            cursor.getInt(cursor.getColumnIndex("qq_img")),
            cursor.getString(cursor.getColumnIndex("qq_online")),
            cursor.getString(cursor.getColumnIndex("qq_action")),
        cursor.getString(cursor.getColumnIndex("belong_country")));
//省略记住密码的相关代码
    } else {
Toast.makeText(getApplicationContext(),"用户名或密码错误",
                        Toast.LENGTH_LONG).show();
        }
    }
});
```

（7）运行程序，若登录验证通过，则进入主界面，否则给出错误提示信息，运行效果如图 4-3 所示。

4.3　任务 3　使用 SQLite 实现联系人管理功能

1. 任务简介

本任务将借助本地 SQLite 数据库，实现从数据库中读取、添加和删除联系人信息的功能。通过本任务的学习，读者将掌握数据库的插入和删除操作、数据界面的刷新操作、自定义对话框的使用以及对话框与 Fragment 的信息交互。程序运行效果如图 4-6 所示。

2. 相关知识

（1）数据库的升级

本任务需要在原有数据库的基础上添加新的数据表，以描述联系人信息。此时，由于数据库已经创建，如果再通过重写 SQLiteOpenHelper 的 onCreate()方法来创建新的表将不起作用，因为 onCreate()方法只在第一次创建数据库时调用。此时，有以下两种添加新的数据表的方法。

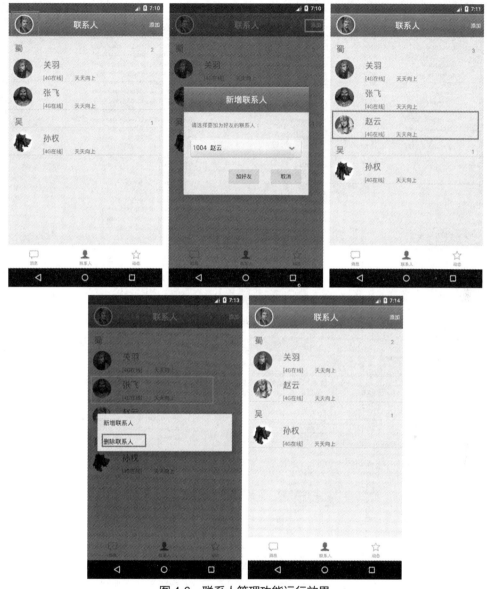

图 4-6　联系人管理功能运行效果

① 找到创建的数据库文件，将其删除，再重新运行程序即可。打开 "Android Device Monitor" 窗口，如图 4-7 所示。找到 data/data/cn.edu.szqt.qqdemov3/databases 目录，分别选中该目录中的 QQ_DB 和 QQ_DB-journal 文件，单击 ━ 按钮进行删除操作，如图 4-8 所示。

② 保持 SQLiteOpenHelper 中的 onCreate()方法不变，重写 onUpgrade()方法，执行新建表的 SQL 语句，但此时需要将数据库的版本修改为一个高于原版本的整数。运行程序后会自动执行该段代码，修改数据库的结构。

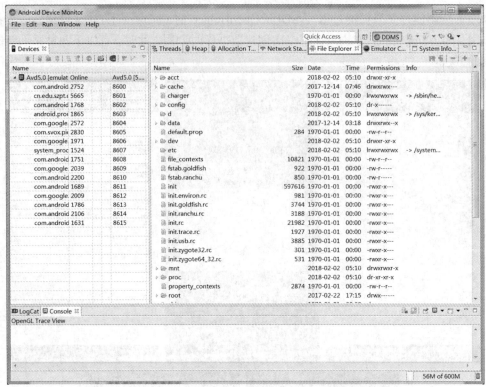

图 4-7 "Android Device Monitor" 窗口

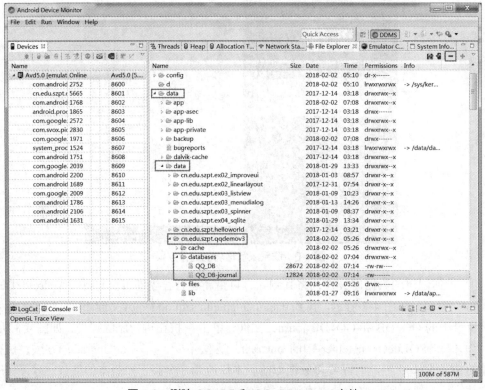

图 4-8 删除 QQ_DB 和 QQ_DB-journal 文件

（2）适配器控件的数据刷新

对于适配器控件，当数据发生变化时，往往通过调用其关联的适配器对象中的notifyDataSetChanged()方法进行刷新。但要注意，使用 adapter.notifyDataSetChanged()方法刷新适配器控件显示内容时，必须保证传进适配器的数据集合与前面绑定的数据集合是同一个对象，否则无法更新。

（3）使用 DialogFragment 自定义对话框

DialogFragment是在 Android 3.0 中被引入的，是一种特殊的Fragment，其用于在Activity的内容之上打开一个模态的对话框，如警告框、输入框、确认框等。

DialogFragment 本身是 Fragment 的子类，其生命周期和 Fragment 基本一样，使用DialogFragment 来管理对话框，当旋转屏幕和按下后退键时可以更好地管理其生命周期。

要使用 DialogFragment 实现自定义对话框，只需要继承 DialogFragment 类，再重写onCreateView()或 onCreateDialog()方法即可。其中，onCreateView()使用定义的 XML 布局文件展示对话框；onCreateDialog()使用 AlertDialog 或 Dialog 创建对话框。调用对话框时，只需要创建对象，并调用 show()方法即可。

V4-3 使用
SQLite 实现联系
人管理功能

3. 任务实施

（1）要实现联系人管理功能，需要新建一张表（QQ_Contact），用于记录每个用户的联系人关系，表的结构如图 4-9 所示。其中，contactId 为主键，为自动增量；qq_num 表示联系人的 QQ 号码；belong_qq 表示联系人所属用户的 QQ 号码。

General	Columns	Primary Key	Indexes	Triggers	Foreign Keys	Unique Constraints	
RecNo	Column Name	SQL Type	Size	Precision	PK	Default Value	Not Null
1	contactId	INTEGER			✓		✓
2	qq_num	VARCHAR			☐		✓
3	belong_qq	VARCHAR			☐		✓

图 4-9 QQ_Contact 表的结构

（2）为了方便访问，再定义一个视图——view_Contact，使 QQ_Contact 表左连接 QQ_Login表，SQL 语句如下。

```
SELECT [u].[contactId], [u].[belong_qq], [v].*
FROM    [QQ_Contact] [u]
LEFT JOIN [QQ_Login] [v] ON [u].[qq_num] = [v].[qq_num]
```

（3）打开 "Android Device Monitor" 窗口，如图 4-8 所示，找到 data/data/cn.edu.szqt.qqdemov3/databases 目录，删除 QQ_DB 和 QQ_DB-journal 文件。

（4）打开 QQDemoV3 项目包 "cn.edu.szpt.qqdemov3.dbutils" 中的 MyDbHelper.java 文件，修改 onCreate()方法，在 initData(db)方法调用前添加如下代码。

```
//创建 QQ_Contact 表
sql="CREATE TABLE [QQ_Contact](" +
    "[contactId] INTEGER PRIMARY KEY AUTOINCREMENT NOT NULL, "
    +" [qq_num] VARCHAR NOT NULL, [belong_qq] VARCHAR NOT NULL);";
db.execSQL(sql);
```

```
//创建 view_Contact 视图
sql="CREATE VIEW [view_Contact] AS" +
" SELECT [u].[contactId], [u].[belong_qq], [v].* FROM    [QQ_Contact] [u]"
    +"  LEFT JOIN [QQ_Login] [v] ON [u].[qq_num] = [v].[qq_num];";
  db.execSQL(sql);
```

（5）修改 MyDbHelper 类中的 initData()方法，用于初始化数据。

```
private void initData(SQLiteDatabase db){
//省略相关数组的定义和初始化，此部分代码不变
  String sql="insert into QQ_Login(qq_num,qq_name,qq_pwd,qq_img," +
            "qq_online,qq_action,belong_country) values(?,?,?,?,?,?,?)";
  for(int i=0;i<countries.length;i++)
     for(int j=0;j<names[i].length;j++){
        db.execSQL(sql,new Object[]{nums[i][j],names[i][j],"123456",
            icons[i][j],"4G 在线","天天向上",countries[i]});
     }
sql="insert into QQ_Contact(qq_num,belong_qq) values(?,?)";
for(int i=0;i<nums.length;i++)
    for(int j=0;j<nums[i].length;j++){
        if(!nums[i][j].equals("1002"))
            db.execSQL(sql,new Object[]{nums[i][j], "1002"});
    }
}
```

（6）在 QQDemoV2 中，联系人界面中显示的登录用户头像是固定的。这里的头像随登录用户的不同而变化。打开 QQContactFragment.java 文件，添加成员变量 logined_img 并指向界面中的 ImageView 控件。

```
private ImageView logined_img;
```

在 onCreateView()方法中，通过 findViewById()方法找到相应的控件，并实现登录用户头像显示功能，代码如下。

```
logined_img = (ImageView) view.findViewById(R.id.imgLoginIcon);
logined_img.setImageResource(MainActivity.loginedUser.getImg());
```

（7）修改 QQContactFragment.java 文件中的 initialData()方法，实现从数据库中读取登录用户的联系人信息功能，代码如下。

```
private void initialData() {
  MyDbHelper helper = new MyDbHelper(getContext(),
                        Db_Params.DB_NAME, null, Db_Params.DB_VER);
  SQLiteDatabase db = helper.getReadableDatabase();
  String sql = "select distinct belong_country  from view_Contact "
            "where belong_qq=?";
  Cursor groupCursor = db.rawQuery(sql,
```

```
                              new String[]{MainActivity.loginedUser.getNum()});
    while (groupCursor.moveToNext()) {
        String countryname = groupCursor.getString(
                                groupCursor.getColumnIndex("belong_
                                country"));
        groupData.add(countryname);
        sql = "select * from view_Contactwhere belong_qq=? and belong_country=?";
        Cursor cursor = db.rawQuery(sql, new String[]{
                                MainActivity.loginedUser.getNum(),
                                countryname});
        List<QQContactBean> list = new ArrayList<QQContactBean>();
    while (cursor.moveToNext()) {
        QQContactBean p = new QQContactBean(
                    cursor.getString(cursor.getColumnIndex("qq_num")),
                    cursor.getString(cursor.getColumnIndex("qq_name")),
                    cursor.getInt(cursor.getColumnIndex("qq_img")),
                    cursor.getString(cursor.getColumnIndex("qq_online")),
                    cursor.getString(cursor.getColumnIndex("qq_action")),
                    cursor.getString(cursor.getColumnIndex("belong_country"))
                    );
        list.add(p);
    }
    childData.put(countryname, list);
    }
}
```

（8）完成联系人信息展示之后，将实现联系人的添加和删除功能。打开 res/values 目录
中的 strings.xml 文件，添加本任务需要用到的字符串资源，代码如下。

```
<string name="menuitem_newcontact">新增联系人</string>
<string name="menuitem_delcontact">删除联系人</string>
<string name="dlg_tvTitle">新增联系人</string>
<string name="dlg_btnOK">加好友</string>
<string name="dlg_btnCancel">取消</string>
<string name="dlg_tvChooseContact">请选择要加为好友的联系人：</string>
```

（9）这里使用上下文菜单显示选项。参照第 3 章有关菜单的介绍，在 res/menu 目录中
新建 menu_contact.xml，定义相关的菜单项。

```
<?xml version="1.0" encoding="utf-8"?>
  <menu xmlns:app="http://schemas.android.com/apk/res-auto"
      xmlns:android="http://schemas.android.com/apk/res/android">
  <item android:id="@+id/menuitem_newcontact"
      android:title="@string/menuitem_newcontact" />
  <item android:id="@+id/menuitem_delcontact"
```

```
                android:title="@string/menuitem_delcontact" />
</menu>
```

（10）打开 QQContactFragment.java 文件，重写 onCreateContextMenu()方法，当用户长按指定控件时，显示上下文菜单。这里要求当用户长按组数据项时，不显示上下文菜单；当用户长按子数据项时，显示菜单，代码如下。

```
public void onCreateContextMenu(ContextMenu menu, View v,
        ContextMenu.ContextMenuInfo menuInfo) {
  super.onCreateContextMenu(menu, v, menuInfo);
  ExpandableListView.ExpandableListContextMenuInfo info =
  (ExpandableListView.ExpandableListContextMenuInfo) menuInfo;
  long packedPosition = info.packedPosition;
  //用于判断是组数据项还是子数据项，0 表示组数据项，1 表示子数据项
int packedPositionType = ExpandableListView.getPackedPositionType(
                                      packedPosition);
  if(packedPositionType==1)
        getActivity().getMenuInflater().inflate(R.menu.menu_contact, menu);
}
```

（11）在 QQContactFragment.java 文件的 onCreateView()方法中，将上下文菜单注册到 ExpandableListView 对象上。其中，lv 就是对应的 ExpandableListView 对象。

```
registerForContextMenu(lv);
```

（12）在 QQContactFragment.java 文件中，重写 onContextItemSelected()方法，实现对菜单项的响应，代码如下。

```
@Override
public boolean onContextItemSelected(MenuItem item) {
switch (item.getItemId()) {
case R.id.menuitem_delcontact:
deleteContact(item);
break;
case R.id.menuitem_newcontact:
showNewContactDialog();
break;
    }
return super.onContextItemSelected(item);
}
```

其中，deleteContact(MenuItem item)方法用于实现删除联系人的功能；showNewContactDialog()方法用于实现添加联系人的功能。

（13）添加 deleteContact(MenuItem item)方法，实现删除联系人的功能，代码如下。

```
private void deleteContact(MenuItem item){
ExpandableListView.ExpandableListContextMenuInfo info =
        (ExpandableListView.ExpandableListContextMenuInfo) item.getMenuInfo();
```

```
    int group_pos = ExpandableListView.getPackedPositionGroup(
                                            info.packedPosition);
    I int child_pos = ExpandableListView.getPackedPositionChild(
                                            info.packedPosition);
    QQContactBean contactBean = childData.get(groupData.get(group_pos))
                                            .get(child_pos);
    MyDbHelper helper=new MyDbHelper(getContext(),Db_Params.DB_NAME,
                                            null,Db_Params.DB_VER);
    SQLiteDatabase db=helper.getWritableDatabase();
String sql="delete from QQ_Contact where qq_num=? and belong_qq=?";
    db.execSQL(sql,new Object[]{
                    contactBean.getNum(),MainActivity.loginedUser.getNum()
                    });
    childData.get(groupData.get(group_pos)).remove(child_pos);
    adapter.notifyDataSetChanged();
}
```

（14）添加联系人，这里采用对话框的形式实现。在 res/layout 目录中新建对话框布局文件 dialog_newcontact.xml，其布局效果及结构如图 4-10 所示。

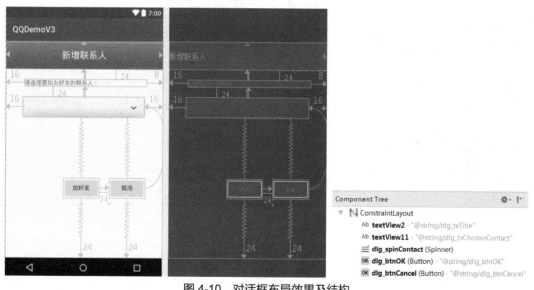

图 4-10　对话框布局效果及结构

（15）新建包 "cn.edu.szpt.qqdemov3.dialogs"。在该包中新建类 NewContactDialog，其继承自 DialogFragment 类，代码如下。

```
public class NewContactDialog extends DialogFragment {
    private Spinner spinContact;
    private Button btnOK,btnCancel;


    @Nullable
```

```
    @Override
    public View onCreateView(LayoutInflater inflater, @Nullable ViewGroup
container, @Nullable Bundle savedInstanceState) {
        getDialog().requestWindowFeature(Window.FEATURE_NO_TITLE);
        setCancelable(false);
        View view=inflater.inflate(R.layout.dialog_newcontact,container);
    spinContact= (Spinner) view.findViewById(R.id.dlg_spinContact);
    btnOK = (Button) view.findViewById(R.id.dlg_btnOK);
    btnCancel = (Button) view.findViewById(R.id.dlg_btnCancel);
    ArrayAdapter<String> adapter = new ArrayAdapter<String>(
            getContext(), R.layout.support_simple_spinner_dropdown_item,
            getFriendsList());
        spinContact.setAdapter(adapter);
        btnCancel.setOnClickListener(new View.OnClickListener() {
            @Override
    public void onClick(View v) {
                dismiss();
            }
        });
btnOK.setOnClickListener(new View.OnClickListener() {
            @Override
    public void onClick(View v) {
    MyDbHelper helper=new MyDbHelper(getContext(),
                                    Db_Params.DB_NAME,null,Db_Params.DB
                                    _VER);
    SQLiteDatabase db=helper.getWritableDatabase();
    String sql="insert into QQ_Contact(qq_num,belong_qq)values(?,?)";
            String qq_num=spinContact.getSelectedItem()
                                    .toString().split("\t\t")[0];
            db.execSQL(sql,new Object[]{qq_num,
                                    MainActivity.loginedUser.getNum()});
    dismiss();
}
        });
return view;
    }

private List<String> getFriendsList(){
    MyDbHelper helper=new MyDbHelper(getContext(), Db_Params.DB_NAME,
                                    null,Db_Params.DB_VER);
    SQLiteDatabase db=helper.getReadableDatabase();
```

```
      String sql="select * from QQ_Login where qq_num not in(" +
              "select qq_num from QQ_Contact where belong_qq=?) and qq_num <> ?";
      Cursor cursor = db.rawQuery(sql,new String[]{
                                      MainActivity.loginedUser.getNum(),
                                      MainActivity.loginedUser.getNum()});
   List<String> list = new ArrayList<String>();
   while (cursor.moveToNext()){
     list.add(cursor.getString(cursor.getColumnIndex("qq_num"))
        + "\t\t" +cursor.getString(cursor.getColumnIndex("qq_name")));
      }
return list;
   }
}
```

（16）切换到 QQContactFragment.java 文件，添加 showNewContactDialog()方法，实现添加联系人功能，代码如下。

```
private void showNewContactDialog(){
  NewContactDialog dialog = new NewContactDialog();
  dialog.show(getFragmentManager(),"NewContact");
}
```

（17）此时发现，添加新的联系人之后，无法自动刷新联系人列表。在包 "cn.edu.szpt. qqdemov3.dialogs" 中新建 OnDialogCompleted 接口，其内部包含 dialogCompleted()方法，代码如下。其中，dialogId 用于区分不同的对话框，dialogResult 用于传递返回的信息。

```
public interface OnDialogCompleted {
   void dialogCompleted(String dialogResult,int dialogId);
}
```

（18）在 NewContactDialog 类中添加该接口类型的私有成员和相应的 set 方法，代码如下。

```
private OnDialogCompleted onDialogCompleted;
public void setOnDialogCompleted(OnDialogCompleted onDialogCompleted) {
    this.onDialogCompleted = onDialogCompleted;
}
```

（19）在 NewContactDialog 类的 onCreateView()方法中和 "加好友" 按钮的单击事件中回调该接口，并传入相应信息，代码如下。

```
btnOK.setOnClickListener(new View.OnClickListener() {
    @Override
public void onClick(View v) {
//省略部分代码
    onDialogCompleted.dialogCompleted("OK",0);
    dismiss();
    }
});
```

（20）声明 QQContactFragment 实现了 OnDialogCompleted 接口，并实现了 dialogCompleted(String dialogResult, int dialogId)方法，在该方法中使用 notifyDataSetChanged()方法实现数据刷新功能，代码如下。

```
public class QQContactFragment extends Fragment implements OnDialogCompleted{
    //省略其他未变化的代码
@Override
public void dialogCompleted(String dialogResult, int dialogId) {
switch (dialogId){
case 0:
groupData.clear();
childData.clear();
                initialData();
adapter.notifyDataSetChanged();
break;
        }
    }
}
```

（21）在 QQContactFragment 类中，在 showNewContactDialog()方法的末尾添加如下代码，实现添加联系人后的自动刷新功能。

```
dialog.setOnDialogCompleted(this);
```

（22）在 QQContactFragment 中为 ToolBar 中的"添加"按钮添加事件响应代码，完成本任务的要求，程序运行效果如图 4-6 所示。

```
public class QQContactFragment extends Fragment implements OnDialogCompleted{
    //省略未发生变化的代码
    private TextView tv_AddBtn;
    @Nullable
    @Override
public View onCreateView(LayoutInflater inflater,
        @Nullable ViewGroup container, @Nullable Bundle savedInstanceState) {
            //省略部分代码
tv_AddBtn = (TextView) view.findViewById(R.id.tv_AddBtn);
tv_AddBtn.setOnClickListener(new View.OnClickListener() {
@Override
public void onClick(View v) {
                showNewContactDialog();
            }
    });
return view;
    }
    //省略部分代码
}
```

4.4 任务 4 ContentProvider 的使用

1. 任务简介

在本任务中将完成两部分工作：将头像文件保存在手机的外部存储中，方便以后的修改和维护；通过使用系统提供的 ContentProvider 访问本机联系人，并将其显示在联系人界面中。程序的运行效果如图 4-11 所示。

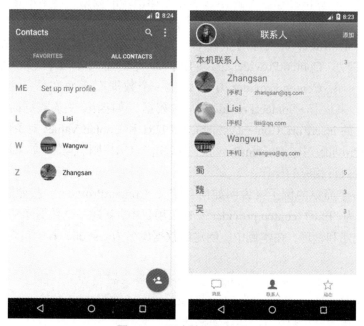

图 4-11　程序的运行效果

2. 相关知识

ContentProvider 为 Android 四大组件之一，主要用于实现应用程序之间的数据共享，也就是说，一个应用程序可以通过 ContentProvider 将自己的数据暴露出来，其他应用程序则通过 ContentResolver 对其暴露出来的数据进行增、删、改、查操作。

在同一个 Android 设备中可以存在多个 ContentProvider，为了便于管理和访问，每个 ContentProvider 必须有唯一标志，用 URI 表示。URI 形式类似于网址，其构成如图 4-12 所示。

① 所有 ContentProvider 的 URI 必须以 content://开头，这是 Android 规定的。

② Authority 是一个字符串，它由开发者自己定义，用于唯一标示一个 ContentProvider。系统会根据这个标志查找 ContentProvider。

图 4-12　URI 的构成

③ Path 也是字符串，表示要操作的数据集，其类似于数据库中的表，可根据自己的实现逻辑来指定，如 content://contacts/people 表示要操作 ContentProvider 为 contacts 的 people 表。

④ Id：用于区分表中的不同数据，如 content://com.android.contacts/people/10 表示要操

作表 people 中 ID 为 10 的行（记录）。

（1）自定义 ContentProvider

A 程序通过 ContentProvider 来暴露数据，基本步骤如下。

① 实现一个 ContentProvider 的子类，并重写 query()、insert()、update()、delete()等方法。

② 在 AndroidManifest.xml 中注册 ContentProvider，指定 android:authorities 等属性。

B 程序通过 ContentResolver 来操作 A 程序暴露出来的数据，基本步骤如下。

① 通过 context 的 getContentResolver()方法来获取 ContentResolver 对象。

② 通过 ContentResolver 对象的 query()、insert()、update()、delete()方法来进行操作。

因此，要演示 ContentProvider 的使用，需要创建两个项目：一个项目中包含 ContentProvider，在 ContentProvider 中初始化一个数据库；而在另一个项目中，通过 ContentResolver 来操作 ContentProvider 中的数据，如插入一条数据时，就需要调用 ContentResolver 的 insert(uri, ContentValues)，将 URI 和 ContentValues 对象经过一系列操作传递到 ContentProvider 中，ContentProvider 会对这个 URI 进行匹配，如果匹配成功，则按照用户的需求去执行相应的操作。

下面通过一个简单的例子来说明如何自定义 ContentProvider。按照默认设置创建项目，并将其命名为"Ex04_contentprovider"。在该项目中，新建一个数据库辅助类 DbHelper，用于数据库的创建和管理，在本例中，创建的数据库名为 test.db，其中包含一张名为 Users 的表。

```
public class DbHelper extends SQLiteOpenHelper {
private static final String DATABASE_NAME = "test.db";
private static final int DATABASE_VERSION = 1;

public DbHelper(Context context) {
super(context, DATABASE_NAME, null, DATABASE_VERSION);
    }
@Override
public void onCreate(SQLiteDatabase db) {
//创建表
db.execSQL("CREATE TABLE IF NOT EXISTS  Users "
+ "(_id INTEGER PRIMARY KEY ,name VARCHAR NOT NULL);");
    }
@Override
public void onUpgrade(SQLiteDatabase db, int oldVersion, int newVersion) {

    }
}
```

在 Ex04_contentprovider 项目中新建一个类 MyContentProvider，其继承自 ContentProvider 类，分别重写其中的 onCreate()、query()、getType()、insert()、delete()和 update()方法。

```java
public class MyContentProvider extends ContentProvider {
private SQLiteDatabase db=null;
private DbHelper dbhelper=null;
//下面的 AUTHORITY 就是在 AndroidManifest.xml 中配置的 authorities
//这里的 authorities 由用户自定义, 但需要与 AndroidManifest.xml 中的名称一致
private static final String AUTHORITY = "cn.edu.szpt.mycontentprovider";
//匹配成功后的匹配码由用户自定义
private static final int MATCH_ALL_CODE = 1;
private static final int MATCH_ONE_CODE = 2;
private static final UriMatcher mMatcher;
//在静态代码块中添加要匹配的 URI
static {
    //匹配不成功, 返回 NO_MATCH
    mMatcher = new UriMatcher(UriMatcher.NO_MATCH);
    /**
        * mMatcher.addURI(authority, path, code); 其中
        * authority: 主机名(用于唯一标示一个 ContentProvider,其需要和
                     清单文件中的 authorities 属性相同)
* path:路径(可以用于表示用户要操作的数据, 路径的构建应根据业务而定)
* code:返回值(在匹配 URI 的时候作为匹配成功的返回值)
        */
mMatcher.addURI(AUTHORITY, "users", MATCH_ALL_CODE);   //匹配记录集合
mMatcher.addURI(AUTHORITY, "users/#", MATCH_ONE_CODE);//匹配单条记录
}

@Override
public boolean onCreate() {
dbhelper = new DbHelper(this.getContext());
db=dbhelper.getWritableDatabase();
return false;
}

@Nullable
@Override
public Cursor query(@NonNull Uri uri, @Nullable String[] projection,
@Nullable String selection, @Nullable String[] selectionArgs, @Nullable
String sortOrder) {
    Cursor cursor=null;
switch (mMatcher.match(uri)) {
//如果匹配成功, 则根据条件查询数据并将查询出的 cursor 返回
```

```
        case MATCH_ALL_CODE:
            Log.i("Test",uri.getPath());
cursor = db.query("users", projection, null,null, null, null, null);
            break;
        case MATCH_ONE_CODE:
        //根据条件查询一条数据
          Log.i("Test",uri.getPath());
cursor=db.query("users",projection,"_id=?",
                        new String[]{uri.getLastPathSegment()},null,null,sortOrder);
          break;
        default:
            throw new IllegalArgumentException("Unknown Uri:" + uri.toString());
}
    return cursor;
  }


@Nullable
@Override
public String getType(@NonNull Uri uri) {
return null;
    }


@Nullable
  @Override
public Uri insert(@NonNull Uri uri, @Nullable ContentValues values) {
long rowid;
int match=mMatcher.match(uri);
if(match!=MATCH_ALL_CODE){
throw new IllegalArgumentException("Unknown Uri:"     + uri.toString());
}
    rowid=db.insert("users", null, values);
if(rowid>0){
Uri insertUri = ContentUris.withAppendedId(uri, rowid);
return insertUri;
    }
return null;
}


@Override
public int delete(@NonNull Uri uri, @Nullable String selection,
                              @Nullable String[] selectionArgs) {
```

```
    int count=0;
    switch (mMatcher.match(uri)) {
        case MATCH_ALL_CODE:
            count=db.delete("users", null, null);
break;
case MATCH_ONE_CODE:
// 这里可以进行删除单条数据的操作
count=db.delete("users","_id=?",
                        new String[]{uri.getLastPathSegment()});
        break;
    default:
        throw new IllegalArgumentException("Unknown Uri:" + uri.toString());
}
    return count;
}
@Override
public int update(@NonNull Uri uri, @Nullable ContentValues values,
        @Nullable String selection, @Nullable String[] selectionArgs) {
    int count=0;
    switch (mMatcher.match(uri)) {
        case MATCH_ONE_CODE:
count = db.update("users", values, "_id=?",
                        new String[]{uri.getLastPathSegment()});
        break;
        case MATCH_ALL_CODE:
        count = db.update("users", values, null, null);
        break;
    default:
        throw new IllegalArgumentException("Unknown Uri:"+ uri.toString());
    }
    return count;
    }
}
```

在 AndroidManifest.xml 的 "application" 节中声明该 Provider，ContentProvider 定义完成。

```
<provider
  android:authorities="cn.edu.szpt.mycontentprovider"
  android:name=".MyContentProvider"
  android:exported="true"></provider>
```

新建项目 "Ex04_contentproviderTest"，修改其布局文件 activity_main.xml，其界面设计及结构如图 4-13 所示。

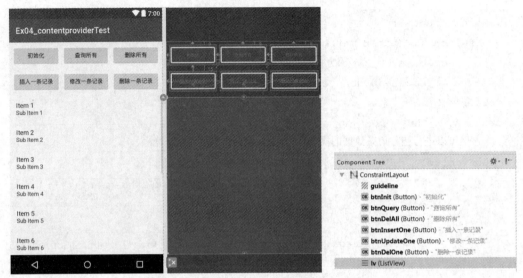

图 4-13　activity_main.xml 界面设计及结构

因为需要操作 Users 表中的数据，所以在该项目中添加实体类 UserBean，定义成员的两个变量（int_id 和 String name），并生成构造器方法，以及相应的 getter 和 setter 方法，具体代码此处省略。

因为需要使用 ListView 显示数据，所以需要设计数据项的布局。新建布局文件 item_userlist.xml，其布局效果及结构如图 4-14 所示。

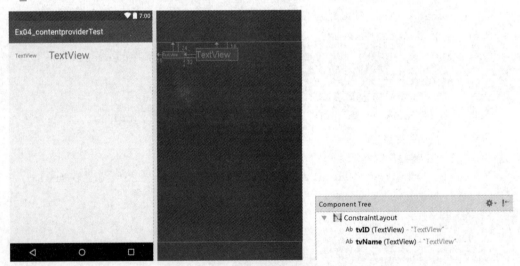

图 4-14　ListView 布局效果及结构

在项目"Ex04_contentproviderTest"中新建 MyAdapter 类，其继承自 BaseAdapter 类，并重写相关方法，代码如下。

```
public class MyAdapter extends BaseAdapter {
    private Context context;
    private List<UserBean>userBeanList;
```

```
public MyAdapter(Context context, List<UserBean> userBeanList) {
this.context = context;
this.userBeanList = userBeanList;
}

@Override
public int getCount() {
return userBeanList.size();
}

@Override
public Object getItem(int position) {
return userBeanList.get(position);
}

@Override
public long getItemId(int position) {
return position;
 }

@Override
public View getView(int position, View convertView, ViewGroup parent) {
if(convertView==null){
convertView= LayoutInflater.from(context).inflate(
                     R.layout.item_userlist, parent, false);
     }
TextView tvid= (TextView) convertView.findViewById(R.id.tvID);
TextView tvName= (TextView) convertView.findViewById(R.id.tvName);
UserBean userBean = userBeanList.get(position);
tvid.setText(userBean.get_id()+"");
tvName.setText(userBean.getName());
return convertView;
    }
}
```

　　在项目 Ex04_contentproviderTest 中，打开 MainActivity.java 文件，定义如下成员变量及相关静态常量。

```
private ContentResolver contentResolver;
private MyAdapter adapter;
private List<UserBean> data;
private static final String AUTHORITY = "cn.edu.szpt.mycontentprovider";
private static final Uri USERS_ALL_URI = Uri.parse("content://" +
                                  AUTHORITY +"/users");
```

修改 MainActivity.java 文件中的 onCreate()方法，初始化相关成员变量。

```
contentResolver = getContentResolver();
data=new ArrayList<UserBean>();
adapter=new MyAdapter(this,data);
listView.setAdapter(adapter);
```

编写通过 ContentProvider 获取数据的相关代码。

```
data.clear();
//通过 ContentResolver 访问 ContentProvider 对象
Cursor cursor = contentResolver.query(USERS_ALL_URI, null, null, null, null);
while(cursor.moveToNext()){
    UserBean userBean = new UserBean(
            cursor.getInt(cursor.getColumnIndex("_id")),
            cursor.getString(cursor.getColumnIndex("name")));
    data.add(userBean);
}
cursor.close();
```

编写通过 ContentProvider 添加一条数据的相关代码。

```
UserBean u = new UserBean(6,"小明");
//实例化一个 ContentValues 对象
ContentValues insertContentValues = new ContentValues();
insertContentValues.put("_id",u.get_id());
insertContentValues.put("name",u.getName());
/*这里的 URI 和 ContentValues 对象经过一系列处理之后会传到
ContentProvider 的 insert 方法中*/
//在用户自定义的 ContentProvider 中进行匹配操作
contentResolver.insert(USERS_ALL_URI,insertContentValues);
```

编写通过 ContentProvider 修改数据的相关代码。

```
ContentValues contentValues = new ContentValues();
contentValues.put("name","修改名字");
//生成的 URI 为 content://cn.edu.szpt.mycontentprovider/users/5
Uri updateUri = ContentUris.withAppendedId(USERS_ALL_URI,5);
contentResolver.update(updateUri,contentValues, null, null);
```

编写通过 ContentProvider 删除所有数据的相关代码。

```
contentResolver.delete(USERS_ALL_URI, null, null);
```

编写通过 ContentProvider 删除一条数据的相关代码。

```
//删除 ID 为 1 的记录
Uri delUri = ContentUris.withAppendedId(USERS_ALL_URI,1);
contentResolver.delete(delUri, null, null);
```

修改 MainActivity.java 文件中的 onCreate()方法，找到界面中的按钮，并添加相应的监听器，在回调方法中参照前面给出的代码，实现增、删、改、查功能。注意，增、删、改操作之后，需要调用 Adapter 进行数据刷新，代码如下。

```
adapter.notifyDataSetChanged();
```

（2）访问系统的 ContentProvider

用户除了可以通过 ContentProvider 将自己的数据开放给其他应用使用之外，还可以借助系统的 ContentProvider 访问系统的数据，如联系人信息、媒体库信息等。这部分内容将在任务实施中进行详细介绍。

注意：在 Android 6.0 之前，用户安装 App 时，只是把 App 需要使用的权限列出来告知用户，App 安装后即可访问这些权限。从 Android 6.0 开始，一些敏感权限需要在使用时动态申请，并且用户可以选择拒绝授权访问这些权限，即使是已授予过的权限，用户也可以在 App 设置界面中关闭授权。对于开发人员而言，访问某些敏感的资源时，已经不能仅在主配置文件 AndroidManifest.xml 中声明相关权限，还需要在访问时动态申请，有用户授权才可进行相关操作。

V4-4　ContentProvider
的使用

3. 任务实施

（1）程序中用户的数量是变化的，用户的头像也是变化的，而在目前的程序中，头像信息固定来源于 res/drawable 目录中指定的图片，访问头像图片的方式是通过 R 文件索引，程序发布后难以修改，无法满足程序的要求。所以，需要对数据库和程序分别做出修改。首先，修改头像文件的保存位置，将用户头像保存到模拟器的外部存储中，这样可以方便用户增加和修改头像图片信息；其次，数据库中存储头像信息的字段将由整型改为字符串类型，并存储头像文件的路径信息。

（2）打开"Android Device Monitor"窗口，参照本章任务 3 中相关知识的描述，找到 data/data/cn.edu.szqt.qqdemov3/databases 目录，删除 QQ_DB 和 QQ_DB-journal 文件，再找到 storage/emulated/0/Android/data 目录，单击 ➕ 按钮，新建目录 cn.edu.szpt.qqdemov3 及其子目录 photos，单击 🖳 按钮，向 photos 目录中添加头像图片文件，文件名为对应的 qq_num 的值，如图 4-15 所示。

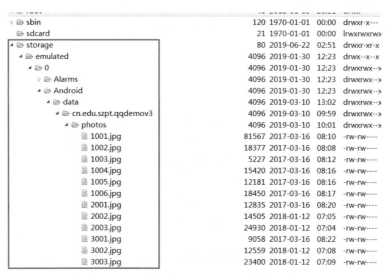

图 4-15　新建目录并存储头像图片

（3）打开 Db_Params.java 文件，添加常量 PHOTO_URL，用于记录存储头像图片文件的路径，代码如以下粗体部分所示。

```
public class Db_Params {
    public static final String DB_NAME ="QQ_DB";
    public static final int DB_VER =1;
    public static final String PHOTO_URL=
            "/android/data/cn.edu.szpt.qqdemov3/photos/";
}
```

（4）打开 MyDbHelper.java 文件，修改 QQ_Login 表的定义及相应的数据初始化代码，代码如以下粗体部分所示。

```
public class MyDbHelper extends SQLiteOpenHelper {
    //省略部分代码
        @Override
    public void onCreate(SQLiteDatabase db) {
      String sql="CREATE TABLE [QQ_Login](" +
    "  [qq_num] VARCHAR(20) PRIMARY KEY NOT NULL, " +
    "  [qq_name] VARCHAR NOT NULL, " +
    "  [qq_pwd] VARCHAR NOT NULL, " +
    "  [qq_imgurl] VARCHAR, " +
    "  [qq_online] VARCHAR, [qq_action] VARCHAR, " +
    "  [belong_country] VARCHAR);";
     db.execSQL(sql);
    //省略部分代码

    }

    private void initData(SQLiteDatabase db){
    //省略部分代码
    String sql="insert into QQ_Login(qq_num,qq_name,qq_pwd,qq_imgurl,"
                +"qq_online,qq_action,belong_country) "
                +" values(?,?,?,?,?,?,?)";
      for(int i=0;i<countries.length;i++)
        for(int j=0;j<names[i].length;j++){
            db.execSQL(sql,new Object[]{nums[i][j],names[i][j],"123456",
                    Db_Params.PHOTO_URL + nums[i][j] + ".jpg" ,
                    "4G在线","天天向上",countries[i]});
    }
        //省略部分代码

    }
}
```

（5）修改 ContactBean.java 代码，删除 private int img 成员变量及其 getter、setter 方法，添加 private String imgurl 成员变量及其 getter、setter 方法，并相应修改 ContactBean 构造器方法。

（6）由于修改了 ContactBean.java，所以会引起一些错误，此时，修改 LoginActivity.java 和 QQContactFragment.java 文件中引发错误的语句 cursor.getInt(cursor.getColumnIndex(" qq_img "))为如下代码。

```
cursor.getString(cursor.getColumnIndex("qq_imgurl"));
```

（7）打开 QQContactFragment.java 文件，将 onCreateView()方法中引发错误的语句 logined_img.setImageResource(MainActivity.loginedUser.getImg())修改为如下代码。

```
Bitmap bitmap= BitmapFactory.decodeFile(
                    Environment.getExternalStorageDirectory()
                        +MainActivity.loginedUser.getImgurl());
logined_img.setImageBitmap(bitmap);
```

（8）修改 QQContactAdapter.java 的 getChildView()方法中设置图片的代码。

```
Bitmap bitmap=BitmapFactory.decodeFile(
Environment.getExternalStorageDirectory()+contactBean.getImgurl());
holder.imgIcon.setImageBitmap(bitmap);
```

（9）下面实现显示本机联系人功能。打开 QQContactFragment.java 文件，添加成员方法 getPhoneContacts()。

```
    private void getPhoneContacts() {
        groupData.add("本机联系人");
List<QQContactBean> list = new ArrayList<QQContactBean>();
ContentResolver contentResolver = getContext().getContentResolver();
Cursor cursor = contentResolver.query(
                            ContactsContract.Contacts.CONTENT_URI,
                            null, null, null, null);
        while (cursor.moveToNext()) {
String name = cursor.getString(cursor.getColumnIndex(
                            ContactsContract.Contacts.DISPLAY_
                            NAME));
        // 取得联系人 ID
        String contactId = cursor.getString(cursor.getColumnIndex(
                                ContactsContract.
                                Contacts._ID));
        // 根据联系人 ID 查询对应的电话号码
        Cursor phoneNumbers = contentResolver.query(
                        ContactsContract.CommonDataKinds.Phone.
CONTENT_URI,
                        null,
                        ContactsContract.CommonDataKinds.Phone.
                        CONTACT_ID + " = " + contactId, null, null);
        // 取得第一个电话号码(可能存在多个号码)
        String strPhoneNumber=null;
        if (phoneNumbers.moveToNext()) {
```

```
                strPhoneNumber = phoneNumbers.getString(
                                phoneNumbers.getColumnIndex(
                                ContactsContract.CommonDataKinds.
                                Phone.NUMBER));
            }
    phoneNumbers.close();
    //根据联系人 ID 查询对应的 E-mail
    Cursor emails = contentResolver.query(
                                ContactsContract.CommonDataKinds.Email.
                                CONTENT_URI,
                                null,
                                ContactsContract.CommonDataKinds.Email.
                                CONTACT_ID +
                                " = " + contactId, null, null);
        //取得第一个 E-mail(可能存在多个 E-mail)
        String strEmail=null;
        if (emails.moveToNext()) {
          strEmail = emails.getString(emails.getColumnIndex(
                                ContactsContract.CommonDataKinds.
                                Email.DATA));
        }
    emails.close();
        //获得 contact_id 的 URI
        Uri uri = ContentUris.withAppendedId(
        ContactsContract.Contacts.CONTENT_URI,
        Long.parseLong(contactId));
     QQContactBean qqContactBean=new QQContactBean(strPhoneNumber,name,
                                uri.toString(),"手机",strEmail,"本机联
系人");
        list.add(qqContactBean);
        }
    childData.put("本机联系人",list);
        cursor.close();
    }
```

（10）打开 QQContactFragment.java 文件，找到 initialData()方法，在第一行中添加 getPhoneContacts()方法的调用语句，代码如下。

```
    getPhoneContacts();
```

（11）打开 QQContactAdapter.java 文件，找到 getChildView()方法，修改部分代码，如以下粗体部分所示。

```
public View getChildView(int groupPosition, int childPosition,
                boolean isLastChild, View convertView, ViewGroup parent) {
    //省略部分代码
```

```
        QQContactBean contactBean=childdata.get(groupdata.get(groupPosition))
                                                    .get(childPosition);
Bitmap bitmap;
if(groupdata.get(groupPosition).equals("本机联系人")){
        ContentResolver contentResolver = context.getContentResolver();
        InputStream input = ContactsContract.Contacts
                            .openContactPhotoInputStream(contentResolver,
                            Uri.parse(contactBean.getImgurl()));
        bitmap = BitmapFactory.decodeStream(input);
    }else {
        bitmap = BitmapFactory.decodeFile(
                            Environment.getExternalStorageDirectory()
                            + contactBean.getImgurl());
    }
    holder.imgIcon.setImageBitmap(bitmap);
    holder.tvName.setText(contactBean.getName());
    holder.tvOnlineMode.setText("[" + contactBean.getOnlinemode() + "] " );
    holder.tvAction.setText(contactBean.getNewaction());
return convertView;
    }
```

（12）在主配置文件 AndroidManifest.xml 中对访问联系人进行授权。在"manifest"节中，添加如下代码。

```
<uses-permission android:name="android.permission.READ_CONTACTS"/>
```

（13）因为本书的默认环境为 Android 8.0，因此对于访问联系人这样的敏感资源，还需要在代码中进行动态授权。打开 LoginActivity 类文件，在 onCreate()方法的末尾添加如下代码。

```
if(ContextCompat.checkSelfPermission(this,
    Manifest.permission.READ_CONTACTS)!=PackageManager.PERMISSION_GRANTED){
ActivityCompat.requestPermissions(this,
                new String[]{Manifest.permission.READ_CONTACTS},1000);
    }
```

（14）重写 LoginActivity 类中的 onRequestPermissionsResult()方法，当授权无效时，系统会给出相应的提示信息，代码如下。

```
@Override
public void onRequestPermissionsResult(int requestCode,
            @NonNull String[]permissions, @NonNull int[] grantResults) {
  if(requestCode!=1000){
    Toast.makeText(this,"请授予读取联系人信息权限", Toast.LENGTH_SHORT)
        .show();
  }
  super.onRequestPermissionsResult(requestCode, permissions, grantResults);
}
```

（15）单击工具栏中的▶按钮，运行程序，运行效果如图 4-11 所示。

4.5 课后练习

（1）参照联系人管理功能的实现步骤，实现消息界面中登录用户头像的切换，如图 4-16 所示。

图 4-16 登录用户头像的切换

（2）参照联系人管理功能的实现步骤，利用 SQLite 数据库实现消息的显示、置顶和删除功能，如图 4-17 所示。

图 4-17 消息的显示、置顶和删除功能

图 4-17 消息的显示、置顶和删除功能（续）

提示 1

要想实现消息的管理，需要新建两张表，分别是 QQ_Conversation 表和 QQ_ConversationDetails 表。

QQ_Conversation 表用于记录用户之间的会话关系，表的结构如图 4-18 所示。其中，Id 为主键，为自动增量；ConversationId 为会话的编号，以会话双方的 qq_num 组合而成，如"1002-1003"，且一经生成不再变化；one_qq_num 和 other_qq_num 分别表示会话的双方，针对每个会话生成两条记录，one_qq_num 和 other_qq_num 互换，但 ConversationId 不变；isdeleted 表示该会话是否被删除；isTop 表示该会话是否置顶。

RecNo	Column Name	SQL Type	Size	Precision	PK	Default Value	Not Null
1	Id	INTEGER			✔		
2	ConversationId	VARCHAR					
3	one_qq_num	VARCHAR					
4	other_qq_num	VARCHAR					
5	isdeleted	BOOL				0	
6	isTop	BOOL				0	

图 4-18 QQ_Conversation 表的结构

QQ_ConversationDetails 表用于记录具体的会话内容，表的结构如图 4-19 所示。其中，detailsId 为主键，为自动增量；qq_num 为消息发送方的 QQ 号码；conversationId 表示该消息属于哪个会话；message 表示具体消息的内容；send_date 表示发送消息的时间；has_read 表示该消息是否被读过。

RecNo	Column Name	SQL Type	Size	Precision	PK	Default Value	Not Null
1	detailsId	INTEGER			✔		
2	qq_num	VARCHAR					
3	conversationId	VARCHAR					
4	message	VARCHAR					
5	send_date	VARCHAR					
6	has_read	BOOL				0	

图 4-19 QQ_ConversationDetails 表的结构

相应的，在 MyDbHelper 中修改 onCreate()方法，可参考以下粗体部分的代码。

```
public void onCreate(SQLiteDatabase db) {
    //前面的代码不变，此处省略
    //创建 QQ_Conversation 表
  sql = "CREATE TABLE [QQ_Conversation]([Id] INTEGER PRIMARY KEY AUTOINCREMENT,"
+"[ConversationId] VARCHAR, [one_qq_num] VARCHAR, [other_qq_num] VARCHAR, "
    +"[isdeleted] BOOL DEFAULT 0, [isTop] BOOL DEFAULT 0);";
  db.execSQL(sql);
  //创建 QQ_ConversationDetails 表
  sql = "CREATE TABLE [QQ_ConversationDetails]("
      +"[detailsId] INTEGER PRIMARY KEY AUTOINCREMENT, [qq_num] VARCHAR, "
      +"[conversationId] VARCHAR, [message] VARCHAR,[send_date] VARCHAR, "
      +"[has_read] BOOL DEFAULT 0);";
  db.execSQL(sql);
  //初始化表中的数据
initData(db);
}
```

相应的，在 MyDbHelper 中修改 initData()方法，模拟插入部分消息的数据，可参考以下粗体部分的代码。

```
private void initData(SQLiteDatabase db) {
    //前面的代码不变，此处省略
    ArrayList<String> conversationIds=new ArrayList<String>();
    sql = "insert into QQ_Conversation(one_qq_num,other_qq_num,conversationId) "
        + "values(?,?,?);";
    for (int k = 0; k < 2; k++)
        for (int i = 0; i < nums[k].length; i++)
            for (int j = 0; j < nums[k + 1].length; j++) {
db.execSQL(sql, new Object[]{nums[k][i], nums[k + 1][j],
                                  nums[k][i] + "-" + nums[k + 1][j]});
                db.execSQL(sql, new Object[]{nums[k + 1][j], nums[k][i],
                                  nums[k][i] + "-" + nums[k + 1][j]});
                conversationIds.add(nums[k][i] + "-" + nums[k + 1][j]);
            }
  db.execSQL(sql, new Object[]{"1002", "1001","1002-1001"});
  db.execSQL(sql, new Object[]{"1001", "1002", "1002-1001"});
  conversationIds.add("1002-1001");

  db.execSQL(sql, new Object[]{"1002", "1003","1002-1003"});
  db.execSQL(sql, new Object[]{"1003", "1002", "1002-1003"});
  conversationIds.add("1002-1003");
```

```
   String[] msgs=new String[]{"Hello","你好","在吗？","明天下午2点开会",
                                    "等会儿回复你","谢谢","不客气"};
   String[] msgdate=new String[]{"2019-12-05 9:15:00","2019-12-06 13:20:00",
                "2019-12-07 21:35:00","2019-12-03 10:05:00",
                "2019-12-07 9:30:00","2019-12-07 16:40:00",
                "2019-12-07 22:10:00"};
sql = "insert into QQ_ConversationDetails(conversationId,qq_num,message, "
     + "send_date)  values(?,?,?,?)";
     int endpos;
for(int i=0;i<conversationIds.size();i++){
String s=conversationIds.get(i);
String temp[]=s.split("-");
endpos=1+(int)(Math.random()*6);
for(int j=0;j<endpos;j++){
db.execSQL(sql, new Object[]{s,temp[0],msgs[j],msgdate[j]});
}
endpos=1+(int)(Math.random()*6);
for(int j=0;j<endpos;j++){
db.execSQL(sql, new Object[]{s,temp[1],msgs[j],msgdate[j]});
}
}
}
```

提示 2

修改 QQMessageBean 类，增加 conversationId 和 qq_num 两个成员变量，将头像信息由成员变量 private int qq_img 改为 private String qq_imgurl，并添加和修改 getter、setter 及构造器方法。

提示 3

为获取指定登录用户的消息列表，需要对多表进行连接，使用 SQL 语句实现较为复杂，在本项目中采用了左连接，获取数据后，通过 QQMessageAdapter 与 ListView 适配即可。具体 SQL 语句如下。

```
String sql = "select u.*,x.qq_name,v.message,v.send_date, " +
            "ifnull(w.noreadCount,0) noreadCount, "+
            "x.qq_imgurl,x.qq_online,x.qq_action " +
            "from QQ_conversation u " +
            "left join " +
            "(select message,conversationId,max(send_date) send_date"+
            "from QQ_ConversationDetails group by conversationId " +
            ") v " +
            "on u.conversationId=v.conversationId " +
```

```
                    "left join " +
                    "(select count(detailsId) noreadCount,conversationid,"+
                    "has_read from QQ_ConversationDetails " +
                    "group by conversationId,qq_num " +
                    "having has_read=0 and qq_num<>? " +
                    ") w" +
                    "on u.conversationId=w.conversationId  " +
                    "left join " +
                    "(select * from QQ_Login) x " +
                    "on u.other_qq_num=x.qq_num " +
                    "where one_qq_num=? and isdeleted=0   " +
                    "order by isTop desc ";
    Cursor cursor = db.rawQuery(sql, new String[]{
                        MainActivity.loginedUser.getNum(),
                        MainActivity.loginedUser.getNum()
                    });
```

第5章 服务与广播

学习目标

- 熟悉 MediaStore 的使用，会使用 MediaStore 获取手机 SD 卡中的媒体资源。
- 掌握 Android 中 MediaPlayer 的使用。
- 掌握 Android 中广播和服务的使用，熟练使用广播在前台界面和后台服务间传递信息。
- 掌握 Android 中线程的使用，实现歌词同步功能。

本章将围绕简单音乐播放器的实现，综合应用 MediaPlayer、ContentProvider、服务、广播及线程调度等相关内容，实现以下功能。

（1）歌曲文件的搜索：使用 MediaStore 类搜索手机上 SD 卡中的所有音频文件。

（2）歌曲的播放控制：单击播放界面中的"播放/暂停"按钮，启用播放和暂停功能；单击"上一首/下一首"按钮，在音乐列表中进行上一首、下一首歌曲的切换；拖动进度条上的滑块，改变当前歌曲的播放进度。

（3）歌曲信息的显示：当进入播放界面时，程序会自动显示当前歌曲的名称、专辑封面（如果有），以及歌曲的长度和当前播放位置。

（4）歌词的同步显示：当歌曲文件所在的目录中存在同名的歌词文件（文件扩展名为.lrc）时，程序会自动解析歌词文件，并随着歌曲的播放同步显示歌词。

（5）歌曲列表：进入歌曲列表界面时，程序以列表的形式显示所有的歌曲，单击相应的歌曲可进行播放。

（6）后台播放功能：当关闭程序时，不影响歌曲的播放；重新打开程序后，会自动回到正在播放的歌曲界面。

5.1 任务1 简单音乐播放器框架的搭建

1. 任务简介

本任务将综合应用 Fragment、ViewPager 搭建一个简单音乐播放器的基本框架，实现播放界面和歌曲列表界面，框架效果如图 5-1 所示。

图 5-1　框架效果

2．相关知识

（1）Fragment 简介

请参照第 3 章任务 3 相关知识中有关 Fragment 的介绍。

（2）ViewPager 简介

请参照第 3 章任务 3 相关知识中有关 ViewPager 的介绍。

3．任务实施

（1）新建 Android Studio 项目，并将其命名为"MySimpleMp3Player"。

（2）将所用到的图片素材文件复制到 res\drawable 目录中，本任务中使用到的图片素材如表 5-1 所示。

V5-1　简单音乐播放器框架的搭建

表 5-1　本任务中使用到的图片素材

序号	文件名	说明
1	listbg.png	播放器背景
2	button.png	按钮区背景
3	play.png	播放按钮
4	play1.png	播放按钮按下时显示的图片
5	pause.png	暂停按钮
6	pause1.png	暂停按钮按下时显示的图片
7	next.png	"下一首"按钮
8	next1.png	"下一首"按钮按下时显示的图片
9	prev.png	"上一首"按钮

续表

序号	文件名	说明
10	prev1.png	"上一首"按钮按下时显示的图片
11	progress_bg.9.png	进度条背景
12	progress_primary.9.png	已走过的进度
13	progress_ball.png	进度条上的滑块
14	item.png	歌曲列表中未播放项的图标
15	isplaying.png	歌曲列表中正在播放项的图标
16	nopic.png	没有专辑封面的显示图片
17	music.png	应用图标

（3）使用 Selector 自定义 Drawable 资源，给播放、暂停、"上一首"和"下一首"按钮添加动态效果。

① 播放按钮，在 res\drawable 目录中添加 play_selector.xml 文件，代码如下。

```xml
<?xml version="1.0" encoding="utf-8"?>
  <selector xmlns:android="http://schemas.android.com/apk/res/android" >
    <item android:state_pressed="true"    android:drawable="@drawable/play1"/>
    <item android:drawable="@drawable/play" />
  </selector>
```

② 暂停按钮，在 res\drawable 目录中添加 pause_selector.xml 文件，代码如下。

```xml
<?xml version="1.0" encoding="UTF-8"?>
  <selector xmlns:android="http://schemas.android.com/apk/res/android">
    <item android:state_pressed="true"android:drawable="@drawable/pause1"/>
    <item android:drawable="@drawable/pause" />
  </selector>
```

③ "上一首"按钮，在 res\drawable 目录中添加 prev_selector.xml 文件，代码如下。

```xml
<?xml version="1.0" encoding="UTF-8"?>
  <selector xmlns:android="http://schemas.android.com/apk/res/android">
      <item android:state_pressed="true"android:drawable="@drawable/prev1"/>
      <item android:drawable="@drawable/prev" />
</selector>
```

④ "下一首"按钮，在 res\drawable 目录中添加 next_selector.xml 文件，代码如下。

```xml
<?xml version="1.0" encoding="UTF-8"?>
  <selector xmlns:android="http://schemas.android.com/apk/res/android">
      <item android:state_pressed="true"android:drawable="@drawable/next1"/>
    <item android:drawable="@drawable/next" />
</selector>
```

（4）通过 layer-list 自定义 SeekBar 外观，在 res\drawable 目录中添加 progress_holo_ light.xml 文件，代码如下。

```xml
<?xml version="1.0" encoding="utf-8"?>
<layer-list   xmlns:android="http://schemas.android.com/apk/res/android">
    <item android:id="@android:id/background"
                            android:drawable="@drawable/
                            progress_bg" />
    <item android:id="@android:id/progress">
    <scale android:drawable="@drawable/progress_primary"
                                android:scaleWidth="100%" />
    </item>
</layer-list>
```

（5）打开 res\values 目录中的 strings.xml 文件，修改其中的内容。

```xml
<string name="app_name">简单音乐播放器</string>
```

打开 res\values 目录中的 styles.xml 文件，添加如下代码。

```xml
<style name="MusicTextView">
    <item name="android:textColor">#ffffff</item>
</style>
<style name="MusicTitle">
    <item name="android:textColor">#ffffff</item>
    <item name="android:textSize">18sp</item>
    <item name="android:textStyle">bold</item>
</style>
```

（6）修改项目的图标为 music.png。将 music.png 文件复制到 res/mipmap 目录中，打开 AndroidManifest.xml 文件，修改"application"节中的 android:icon 属性，代码如下。

```xml
android:icon="@mipmap/music"
```

（7）将歌曲放入模拟器。打开"Android Device Monitor"窗口，选择"File Explore"选项卡，单击 按钮，将相应的文件放到手机 SD 卡的 Music 目录中，其中，扩展名为.mp3 的文件为歌曲文件，扩展名为.lrc 的文件为歌词文件，如图 5-2 所示。注意，使用该方式存储文件时，不接受中文文件名。同时，存储完文件后需要关闭模拟器，并重新打开，以便刷新 external.db 数据库。

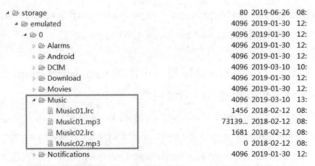

图 5-2　将 MP3 文件和歌词文件放到手机 SD 卡中

（8）实现简单音乐播放器的界面框架。该项目包括两个 Fragment，通过 ViewPager 将这两个 Fragment 放置到一个 Activity 中，并实现左右侧滑。打开 res\layout 目录中的 activity_main.xml 文件，放入 ViewPager。

（9）在 res\layout 目录中新建 fragment_music.xml，用于搭建图 5-3 所示的播放界面，各组件的信息如图 5-4 所示。

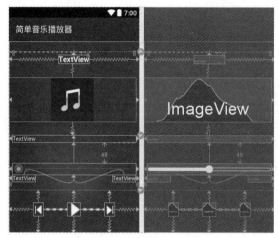

图 5-3　播放界面

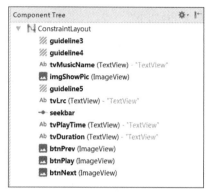

图 5-4　各组件的信息

（10）在 res\layout 目录中新建 fragment_musiclist.xml 文件，用于搭建歌曲列表界面，具体代码如下。

```xml
<?xml version="1.0" encoding="utf-8"?>
<LinearLayout xmlns:android="http://schemas.android.com/apk/res/android"
    android:orientation="vertical" android:layout_width="match_parent"
    android:layout_height="match_parent">

<ListView
    android:id="@+id/musiclist"
    android:layout_width="match_parent"
    android:layout_height="match_parent"
    android:background="@drawable/listbg"
    android:divider="#b8b8b8"
    android:dividerHeight="1dp"
    android:listSelector="#ff0000"
    />
</LinearLayout>
```

（11）在包"cn.edu.szpt.mysimplemp3player"中新建类 MusicPlayFragment，其继承自 Fragment 类，代码如下。

```java
public class MusicPlayFragment extends Fragment {

    @Nullable
    @Override
```

```
public View onCreateView(LayoutInflater inflater,
        @Nullable ViewGroup container, @Nullable Bundle savedInstanceState) {
View view=inflater.inflate(R.layout.fragment_music,container,false);
return view;
    }
}
```

（12）在包 "cn.edu.szpt.mysimplemp3player" 中新建类 MusicListFragment，其继承自 Fragment 类，代码如下。

```
public class MusicListFragment extends Fragment {

    @Nullable
    @Override
    public View onCreateView(LayoutInflater inflater,
        @Nullable ViewGroup container, @Nullable Bundle savedInstanceState) {
View view=inflater.inflate(R.layout.fragment_musiclist,
                                            container,false);
        return view;
    }
}
```

（13）下面来构建适配器，将前面两个 Fragment 放入 MainActivity 的 ViewPager。新建包 "cn.edu.szpt.mysimplemp3player.adapters"，创建适配器类 "MyViewPagerAdapter"，其继承自 FragmentPagerAdapter 类，并重写相应方法，具体代码如下。

```
public class MyViewPagerAdapter extends FragmentPagerAdapter {
    //存储需要添加到 ViewPager 上的 Fragment
    private ArrayList<Fragment>fragments;

    public MyViewPagerAdapter(FragmentManager fm, ArrayList<Fragment>
fragments) {
        super(fm);
        this.fragments = fragments;
    }

    @Override
    public Fragment getItem(int position) {
        return fragments.get(position);
    }

    @Override
    public int getCount() {
        return fragments.size();
```

```
        }
    }
```

（14）修改 MainActivity.java 中的代码，为 ViewPager 设置适配器对象，代码如下。

```
public class MainActivity extends AppCompatActivity {
    private ViewPager pager;
    private PagerAdapter mAdapter;
    private ArrayList<Fragment>fragments;

    @Override
    protected void onCreate(Bundle savedInstanceState) {
    super.onCreate(savedInstanceState);
        setContentView(R.layout.activity_main);
    //初始化控件，获取 ViewPager 对象
    pager = (ViewPager) findViewById(R.id.pager);
    //初始化数据
    fragments = new ArrayList<Fragment>();
    fragments.add(new MusicPlayFragment());
    fragments.add(new MusicListFragment());
    initViewPager();
    }

    private void initViewPager() {
    mAdapter = new MyViewPagerAdapter(getSupportFragmentManager(),
    fragments);
    pager.setAdapter(mAdapter);
    // 设置当前显示的是第一个 view
    pager.setCurrentItem(0);
    }
}
```

（15）单击工具栏中的▶按钮，运行程序，运行效果如图 5-1 所示，允许用户左右侧滑。

5.2 任务 2 实现播放功能

1. 任务简介

本任务将综合应用 ContentProvider 和 MediaPlayer，实现歌曲列表显示、音乐播放及暂停等基本功能，效果如图 5-5 所示。

2. 相关知识

（1）MediaPlayer

MediaPlayer 类可用于控制音频/视频文件或流的播放。其常用方法如表 5-2 所示。

图 5-5　基本功能的效果

表 5-2　MediaPlayer 类的常用方法

序号	常用方法	说明
1	static MediaPlayer create(Context context, Uri uri, SurfaceHolder holder)	指定从资源 ID 对应的资源文件中装载音乐文件，同时指定了 SurfaceHolder 对象并返回 MediaPlayer 对象
2	static MediaPlayer create(Context context, int resid)	指定从资源 ID 对应的资源文件中装载音乐文件，并返回新建的 MediaPlayer 对象
3	static MediaPlayer create(Context context,Uri uri)	从指定 URI 装载音频文件，并返回新建的 MediaPlayer 对象
4	int getCurrentPosition()	获取当前播放的位置
5	int getDuration()	获取音频的时长
6	int getVideoHeight()	获取视频的高度
7	int getVideoWidth()	获取视频的宽度
8	boolean　isLooping()	判断 MediaPlayer 是否正在循环播放
9	boolean　isPlaying()	判断 MediaPlayer 是否正在播放
10	void pause()	暂停播放
11	void prepare()	准备播放（装载音频），调用此方法会使 MediaPlayer 进入 Prepared 状态
12	void prepareAsync()	准备播放异步音频
13	void release()	释放媒体资源
14	void reset()	重置 MediaPlayer，进入未初始化状态

续表

序号	常用方法	说明
15	void seekTo(int msec)	寻找指定的时间位置
16	void setAudioStreamType(int streamtype)	设置音频流的类型
17	void setDataSource(String path)	装载指定 path 的媒体文件
18	void setDataSource(Context context, Uri uri)	装载指定 URI 的媒体文件
19	void setDataSource(FileDescriptor fd, long offset, long length)	找到指定 fd 所指向的媒体文件,装载其中从 offset 开始的、长度为 length 的内容
20	void setDataSource(FileDescriptor fd)	装载指定 fd 所指向的媒体文件
21	void setLooping(boolean looping)	设置是否循环播放
22	void setOnCompletionListener(MediaPlayer. OnCompletionListener listener)	为 MediaPlayer 的播放完成事件绑定事件监听器
23	void setOnSeekCompleteListener(MediaPlayer. OnSeekCompleteListener listener)	当 MediaPlayer 调用 seek()方法时触发该监听器
24	void setVolume(float leftVolume, float rightVolume)	设置播放器的音量
25	void start()	开始或恢复播放
26	void stop()	停止播放

MediaPlayer 的状态转换过程及主要方法的调用时序如图 5-6 所示。注意,每种方法只能在一些特定的状态下使用,如果使用时 MediaPlayer 的状态不正确,则会触发 IllegalStateException 异常。

各种状态的介绍如下。

① Idle 状态:当使用 new()方法创建一个 MediaPlayer 对象或者调用了其 reset()方法时,该 MediaPlayer 对象处于 Idle 状态。

② End 状态:通过 release()方法可以进入 End 状态,只要 MediaPlayer 对象不再被使用,就应当尽快将其通过 release()方法释放,以释放相关的软硬件资源。如果 MediaPlayer 对象进入了 End 状态,则不会再进入任何其他状态了。

③ Initialized 状态:MediaPlayer 调用 setDataSource()方法后即进入 Initialized 状态,表示此时要播放的文件已经设置好。

④ Prepared 状态:初始化完成之后还需要调用 prepare()或 prepareAsync()方法,其中,prepare()方法是同步的,prepareAsync()方法是异步的。只有进入 Prepared 状态,才能表明 MediaPlayer 到目前为止都没有错误,可以进行文件播放。

⑤ Preparing 状态:此状态主要和 prepareAsync()配合使用,如果异步准备完成,则会触发 OnPreparedListener.onPrepared(),进而进入 Prepared 状态。

⑥ Started 状态:MediaPlayer 一旦准备好,即可调用 start()方法,这样 MediaPlayer 就处于 Started 状态,这表明 MediaPlayer 正在播放文件的过程中。可以使用 isPlaying()方法测

试 MediaPlayer 是否处于 Started 状态。如果播放完毕，但设置了循环播放，则 MediaPlayer 仍然会处于 Started 状态。类似的，如果在该状态下 MediaPlayer 调用了 seekTo()或者 start() 方法，则也可以使 MediaPlayer 停留在 Started 状态。

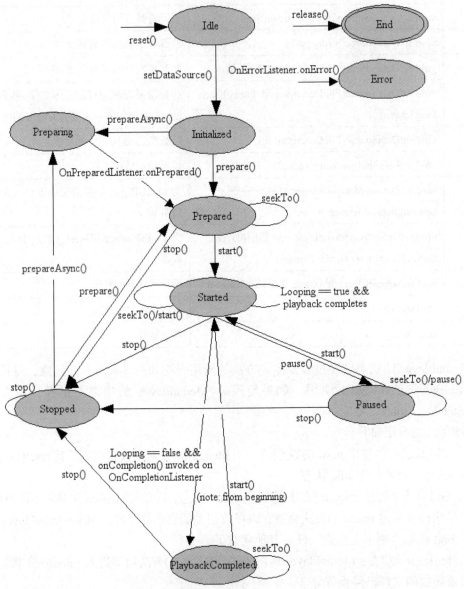

图 5-6 MediaPlayer 的状态转换过程及主要方法的调用时序

⑦ Paused 状态：在 Started 状态下，调用 pause()方法可以暂停 MediaPlayer，从而进入 Paused 状态，MediaPlayer 暂停后再次调用 start()方法即可继续播放，转到 Started 状态，暂停状态中可以调用 seekTo()方法。

⑧ Stopped 状态：Started 或者 Paused 状态下均可调用 stop()方法停止 MediaPlayer，而处于 Stopped 状态的 MediaPlayer 要想重新播放，就需要通过 prepareAsync()和 prepare()方法回到 Prepared 状态。

⑨ Error 状态：在一般情况下，由于种种原因，一些播放控制操作可能会失败，如出现不支持的音频/视频格式、缺少隔行扫描的音频/视频、分辨率太高、流超时等，会触发 OnErrorListener.onError()事件，此时，MediaPlayer 会进入 Error 状态。及时捕捉并妥善处理错误是很重要的，这可以帮助用户及时释放相关的软硬件资源，也可以改善用户体验。开发者可以通过 setOnErrorListener()方法设置监听器来监听 MediaPlayer 是否进入了 Error 状态。如果 MediaPlayer 进入了 Error 状态，则可以通过调用 reset()方法来恢复，使 MediaPlayer 重新回到 Idle 状态。

⑩ PlaybackCompleted 状态：当播放当前媒体资源完成后，如果没有设置为循环播放的话，MediaPlayer 进入该状态，如果设置了 OnCompletionListener 监听器，则会根据程序新开始一个播放过程，否则将调用 stop()方法，进入 Stopped 状态。

（2）使用 MediaStore 获取手机中的音频文件

MediaStore 是 Android 系统提供的一个多媒体数据库，Android 中的多媒体信息都可以从这里提取，其包含多媒体数据库的所有信息，如音频、视频和图像。为了方便用户使用，Android 把所有的多媒体数据接口都通过 ContentProvider 进行了封装，这样用户可以直接通过 ContentResolver 调用那些已经封装好的接口，以对数据库进行操作。打开"Android Device Monitor"窗口，选择"File Explorer"选项卡，在 data/data 目录中可以找到一系列 Android 自带的 ContentProvider，如图 5-7 所示。

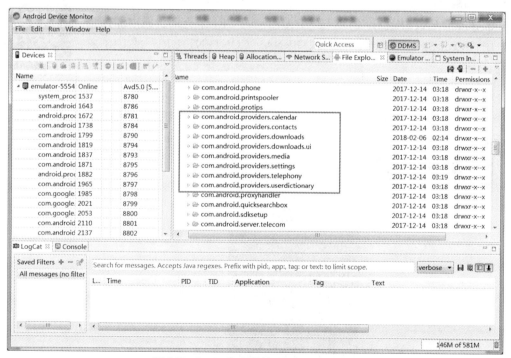

图 5-7　Android 自带的 ContentProvider

其中，"com.android.providers.media"是用于存储多媒体信息的，当 Android 系统开机时，它会自动创建数据库，将手机存储的所有音频、视频、图片等信息存储在相应的表中。这里，external.db 数据库用于存储外部存储中的多媒体数据信息，internal.db 数据库用于存储内部存储中的多媒体数据信息，如图 5-8 所示。

▷ 🗁 com.android.providers.media		2017-12-14 03:18	drwxr-x--x
▷ 🗁 cache		2017-12-14 03:18	drwxrwx--x
▲ 🗁 databases		2018-02-26 12:38	drwxrwx--x
📄 external.db	180224	2018-02-26 12:59	-rw-rw----
📄 external.db-shm	32768	2018-02-26 13:22	-rw-rw----
📄 external.db-wal	449112	2018-02-26 13:22	-rw-rw----
📄 internal.db	237568	2018-02-26 13:22	-rw-rw----
📄 internal.db-shm	32768	2018-02-26 13:22	-rw-------
📄 internal.db-wal	428512	2018-02-26 13:22	-rw-rw----
📄 lib		2017-12-14 03:18	lrwxrwxrwx
▷ 🗁 shared_prefs		2017-12-14 03:18	drwxrwx--x

图 5-8　多媒体数据库

在本书中，将 MP3 文件放置在外部存储的 Musics 目录中，相关信息会存储在 external.db 数据库中，可以将该文件转存到计算机中。通过 SQLite Expert 工具，打开该数据库，找到 audio 视图，可以看到当前模拟器外部存储中的音频文件，如图 5-9 所示。

_data	display_name	title	artist_id	album_id	artist	album
	Click here to define a filter					
▶ /storage/sdcard/Musics/Music01.mp3	Music01.mp3 ···	半壶纱 ···	2	3	刘珂矣	半壶纱 ···
/storage/sdcard/Musics/Music02.mp3	Music02.mp3	你还要我怎样	1	4	薛之谦	意外

图 5-9　audio 视图中的部分音频文件

由于该数据库被封装为 ContentProvider，所以可以方便地借助 ContentResolver 通过 URI 来获取音频的专辑、艺术家、流派等信息。对于外部存储，采用 "MediaStore. Audio.Albums.EXTERNAL_CONTENT_URI" 的 URI 来查询，而内部存储则采用 "MediaStore.Audio.Albums.INTERNAL_CONTENT_URI" 的 URI 来查询。

V5-2　实现播放功能

3. 任务实施

（1）在 res\layout 目录中新增 item_music.xml 文件，用于指定 MusicList Fragment 中列表 ListView 的每一行显示内容的布局，列表项布局效果及结构如图 5-10 所示。

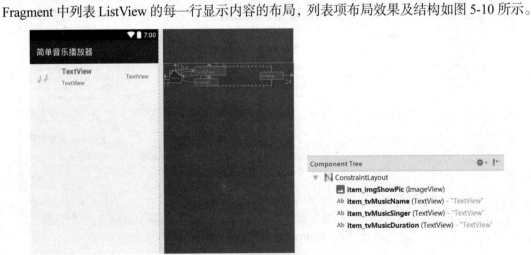

图 5-10　列表项布局效果及结构

（2）新建包 "cn.edu.szpt.mysimplemp3player.beans"，在该包中新建实体类，并将其命名为 "MusicBean"，代码如下。

```java
public class MusicBean {
    //歌曲名称
    private String musicName;
    //演唱者
    private String singer;
    //歌曲长度,单位为 ms
    private int musicDuration;
    //专辑编号, 用于获取专辑封面
    private int album_id;
    //MP3 文件路径
    private String musicUrl;
    //歌词文件路径
    private String lrcUrl;

    public MusicBean(String musicName, String singer, int musicDuration,
int album_id, String musicUrl, String lrcUrl) {
        this.musicName = musicName;
        this.singer = singer;
        this.musicDuration = musicDuration;
        this.album_id = album_id;
        this.musicUrl = musicUrl;
        this.lrcUrl = lrcUrl;
    }

    public String getMusicName() {
    return musicName;
    }

    public void setMusicName(String musicName) {
    this.musicName = musicName;
    }

    public String getSinger() {
    return singer;
    }

    public void setSinger(String singer) {
    this.singer = singer;
    }

    public int getMusicDuration() {
    return musicDuration;
```

```
        }

    public void setMusicDuration(int musicDuration) {
    this.musicDuration = musicDuration;
        }

    public int getAlbum_id() {
    return album_id;
        }

    public void setAlbum_id(int album_id) {
    this.album_id = album_id;
        }

    public String getMusicUrl() {
    return musicUrl;
        }

    public void setMusicUrl(String musicUrl) {
    this.musicUrl = musicUrl;
        }

    public String getLrcUrl() {
    return lrcUrl;
        }

    public void setLrcUrl(String lrcUrl) {
    this.lrcUrl = lrcUrl;
        }
    }
```

（3）新建包 "cn.edu.szpt.mysimplemp3player.utils"，在该包中新建工具类，并将其命名为 "Util"，代码如下。

```
public class Util {
    /**
        * 时间格式转换函数
        * @param time
    * @return
    */
    public static String toTime(int time) {
        time /= 1000;
    int minute = time / 60;
```

```
int hour = minute / 60;
int second = time % 60;
    minute %= 60;
if(hour>0)
return String.format("%02d:%02d:%02d", hour, minute, second);
else
        return String.format("%02d:%02d", minute, second);
    }
}
```

（4）在包"cn.edu.szpt.mysimplemp3player.adapters"中新建类 MusicListAdapter，其继承自 BaseAdapter 类，实现相关方法，代码如下。

```
public class MusicListAdapter extends BaseAdapter {
    private Context context;
    List<MusicBean>data;

    public MusicListAdapter(Context context, List<MusicBean> data) {
    this.context = context;
    this.data = data;
        }

    @Override
    public int getCount() {
    return data.size();
        }

    @Override
    public Object getItem(int position) {
    return data.get(position);
        }

    @Override
    public long getItemId(int position) {
    return position;
        }

    @Override
    public View getView(int position, View convertView, ViewGroup parent) {
    ViewHolder holder;
    if (convertView == null) {
    convertView =  LayoutInflater.from(context).inflate(
```

```
                    R.layout.item_music,parent,false);
            holder = new ViewHolder();
            holder.item_imgShowPic= (ImageView)convertView.findViewById(
                                              R.id.item_imgShowPic);
            holder.item_tvMusicName= (TextView) convertView.findViewById(
                                              R.id.item_tvMusicName);
            holder.item_tvMusicSinger= (TextView)convertView.findViewById(
                                              R.id.item_tvMusicSinger);
            holder.item_tvMusicDuration= (TextView)convertView.findViewById(
                                              R.id.item_tvMusicDuration);
                convertView.setTag(holder);
            } else {
                holder = (ViewHolder) convertView.getTag();
            }
            MusicBean musicBean=data.get(position);
            holder.item_imgShowPic.setImageResource(R.drawable.item);
            holder.item_tvMusicName.setText(musicBean.getMusicName());
            holder.item_tvMusicSinger.setText(musicBean.getSinger());
            holder.item_tvMusicDuration.setText(
                            Util.toTime(musicBean.getMusicDuration()));
            //设置当前选中的歌曲条目的图标和背景色
            if(position ==MainActivity.currentIndex){
            holder.item_imgShowPic.setImageResource(R.drawable.isplaying);
                convertView.setBackgroundColor(Color.RED);
            }else{
                convertView.setBackgroundColor(Color.TRANSPARENT);
                }
            return convertView;
            }

            static class ViewHolder{
                ImageView item_imgShowPic;
                TextView item_tvMusicName;
                TextView item_tvMusicSinger;
                TextView item_tvMusicDuration;
            }
        }
```

（5）考虑到在 MusicListFragment 和 MusicPlayFragment 中均需要访问歌曲列表集合、当前播放歌曲位置等信息，这里将歌曲列表集合等信息定义为静态变量，统一存储在 MainActivity 中。修改 MainActivity 的代码，如以下代码中粗体内容所示。

```
public class MainActivity extends AppCompatActivity {
    private ViewPager pager;
    private PagerAdapter mAdapter;
    private ArrayList<Fragment>fragments;

    public static  ArrayList<MusicBean>musicsData;
    public static MusicListAdapter musicListAdapter;
    public static int currentIndex=-1;

    @Override
    protected void onCreate(Bundle savedInstanceState) {
        super.onCreate(savedInstanceState);
        setContentView(R.layout.activity_main);
musicsData=new ArrayList<MusicBean>();
        setData();
if(musicsData.size()>0)  currentIndex = 0;
musicListAdapter = new MusicListAdapter(
                        this.getApplicationContext(),musicsData);
        //初始化控件，获取 ViewPager 对象
        pager = (ViewPager) findViewById(R.id.pager);
        //以下代码省略
    }


    private void setData(){
        musicsData.clear();
        //通过 ContentProvider 查询存储卡中的音乐文件
        //将查询的结果放入游标 c
Cursor c = this.getContentResolver().query(
        MediaStore.Audio.Media.EXTERNAL_CONTENT_URI,
null, null, null, null);
while(c.moveToNext()){
            String musicname=c.getString(c.getColumnIndex(
                                MediaStore.Audio.Media.TITLE));
            String singer=c.getString(c.getColumnIndex(
                                MediaStore.Audio.Media.ARTIST));
            int duration=c.getInt(c.getColumnIndex(
                                MediaStore.Audio.Media.DURATION));
            int albumid=c.getInt(c.getColumnIndex(
                                MediaStore.Audio.Media.ALBUM_ID));
            String musicurl=c.getString(c.getColumnIndex(
```

```
                                          MediaStore.Audio.Media.DATA));
        String lrcurl="";
        MusicBean bean=new MusicBean(musicname,singer,duration,
                                    albumid, musicurl, lrcurl);
        musicsData.add(bean);
    }
    c.close();
  }
}
```

（6）切换到 MusicListFragment，修改其 onCreateView()方法，代码如下。

```
  public View onCreateView(LayoutInflater inflater,
        @Nullable ViewGroup container, @Nullable Bundle savedInstanceState) {
View view=inflater.inflate(R.layout.fragment_musiclist,container,false);
listView= (ListView) view.findViewById(R.id.musiclist);
listView.setAdapter(MainActivity.musicListAdapter);
//选中不同的条目，显示选中条目的效果
listView.setOnItemClickListener(new AdapterView.OnItemClickListener() {
@Override
public void onItemClick(AdapterView<?> parent, View view,
                                int position, long id) {
MainActivity.currentIndex=position;
            MainActivity.musicListAdapter.refreshSelectPosition();
        }
      });
return view;
    }
```

（7）参照第4章任务4任务实施中的步骤（12），在主配置文件的"manifest"节中设置权限，代码如下。

```
<uses-permission android:name="android.permission.READ_EXTERNAL_STORAGE">
</uses-permission>
```

（8）参照第4章任务4任务实施中的步骤（13），打开 LoginActivity 类文件，在 onCreate()方法的末尾添加如下代码。

```
if(ContextCompat.checkSelfPermission(this,
        Manifest.permission.READ_EXTERNAL_STORAGE)!=
                            PackageManager.PERMISSION_GRANTED){
    ActivityCompat.requestPermissions(this,
            new String[]{Manifest.permission.READ_CONTACTS},1000);
    }
```

（9）重写 LoginActivity 类中的 onRequestPermissionsResult()方法，当授权无效时，给出相应的提示信息，代码如下。

```
@Override
public void onRequestPermissionsResult(int requestCode,
            @NonNull String[]permissions, @NonNull int[] grantResults) {
    if(requestCode!=1000){
        Toast.makeText(this,"请授予读取联系人信息权限", Toast.LENGTH_SHORT)
            .show();
    }
    super.onRequestPermissionsResult(requestCode, permissions, grantResults);
}
```

此时，实现了播放列表的显示，并能选中不同的歌曲，如图 5-11 所示。

图 5-11　播放列表的显示

（10）切换到 MusicPlayFragment 中，为界面中的控件定义成员变量，并在 onCreateView()
方法中通过使用 findViewById()方法进行初始化，代码如下。

```
public class MusicPlayFragment extends Fragment {
    //播放按钮
    private ImageView btnPlay;
    // "上一首" 按钮
    private ImageView btnPrev;
    // "下一首" 按钮
    private ImageView btnNext;
    //显示歌曲名称
    private TextView tvMusicName;
    //显示歌曲时长
    private TextView tvDuration;
    //显示歌词
    private TextView tvLrc;
```

```
        //显示歌曲播放当前时间
        private TextView tvPlayTime;
        //显示进度条
        private SeekBar sbMusic;
        //显示专辑封面
        private ImageView imgShowPic;

            @Nullable
            @Override
        public View onCreateView(LayoutInflater inflater, @Nullable ViewGroup
        container, @Nullable Bundle savedInstanceState) {

        View view=inflater.inflate(R.layout.fragment_music,container,false);
        tvMusicName = (TextView) view.findViewById(R.id.tvMusicName);
        tvPlayTime = (TextView) view.findViewById(R.id.tvPlayTime);
        tvDuration = (TextView) view.findViewById(R.id.tvDuration);
        tvLrc = (TextView) view.findViewById(R.id.tvLrc);
        sbMusic= (SeekBar) view.findViewById(R.id.sbMusic);
        imgShowPic= (ImageView) view.findViewById(R.id.imgShowPic);
        btnNext= (ImageView) view.findViewById(R.id.btnNext);
        btnPrev= (ImageView) view.findViewById(R.id.btnPrev);
        btnPlay= (ImageView) view.findViewById(R.id.btnPlay);
        return view;
            }
        }
```

（11）在 MusicPlayFragment 中添加成员方法 getAlbumArt(int album_id)，用于获取专辑封面图片，代码如下。

```
private Bitmap getAlbumArt(int album_id) {
    Bitmap bmp = null;
    Cursor cur = getActivity().getContentResolver().query(
    ContentUris.withAppendedId(
            MediaStore.Audio.Albums.EXTERNAL_CONTENT_URI, album_id),
            null, null, null, null);
    if (cur.moveToNext()) {
        String path = cur.getString(cur.getColumnIndex(
        MediaStore.Audio.Albums.ALBUM_ART));
        bmp = BitmapFactory.decodeFile(path);
    }
    return bmp;
}
```

（12）在 MusicPlayFragment 中添加成员方法 initView(int music_index)，初始化选中的

歌曲播放界面，代码如下。

```
private void initView(int music_index) {
    if(music_index>-1){
        MusicBean bean=MainActivity.musicsData.get(music_index);
        tvMusicName.setText(bean.getMusicName());
        tvPlayTime.setText("0:0");
        tvDuration.setText(Util.toTime(bean.getMusicDuration()));
        tvLrc.setText("");
        //设置进度条的最大长度
        sbMusic.setIndeterminate(false);
        sbMusic.setMax(bean.getMusicDuration());
        //获取专辑 ID
        int album_id=bean.getAlbum_id();
        Bitmap bm = getAlbumArt(album_id);
    //如果能够找到专辑封面则显示，否则显示默认图片
    if (bm != null) {
        BitmapDrawable bmpDraw = new BitmapDrawable(getResources(), bm);
        imgShowPic.setImageDrawable(bmpDraw);
    } else {
        imgShowPic.setImageResource(R.drawable.nopic);
    }
    }
}
```

（13）在 onCreateView()方法的 return 语句前，添加对 initView(int music_index)的调用，代码如下。此时，歌曲播放界面显示效果如图 5-12 所示。

图 5-12　歌曲播放界面显示效果

163

Android Studio 移动应用开发任务教程（微课版）

```
initView(MainActivity.currentIndex);
```

（14）下面来实现播放器的播放功能。在包"cn.edu.szpt.mysimplemp3player.utils"中新建类 SMPConstants，用于定义播放器的状态，代码如下。

```java
public class SMPConstants {
    //MediaPlayer 的状态信息
    public static final int STATUS_STOP = 0;
    public static final int STATUS_PLAY = 1;
    public static final int STATUS_PAUSE = 2;
    public static final int STATUS_CALLIN_PAUSE = 3; //来电暂停
}
```

（15）切换到 MusicPlayFragment 中，新增两个成员变量，代码如下。

```java
//保存 MediaPlayer 对象，用于播放音乐
private MediaPlayer mp;
//用于记录播放器的状态
private int MpStatus;
```

（16）在 MusicPlayFragment 的 onCreateView()方法中，在 return 语句前添加如下代码。

```java
btnPlay.setOnClickListener(this);
btnNext.setOnClickListener(this);
btnPrev.setOnClickListener(this);
//将当前播放器状态设置为 Stop 状态
MpStatus=SMPConstants.STATUS_STOP;
//实例化 MediaPlayer 对象
mp = new MediaPlayer();
```

（17）在 MusicPlayFragment 中添加成员方法，用于控制音乐的播放、暂停、继续、下一首、上一首等功能，代码如下。

```java
//暂停播放
private void pauseMusic() {
    mp.pause();
    MpStatus = SMPConstants.STATUS_PAUSE;
    //修改按钮的图片
    btnPlay.setImageResource(R.drawable.play_selector);
}

//继续播放
private void continueMusic() {
    mp.start();
    MpStatus = SMPConstants.STATUS_PLAY;
    //修改按钮的图片
    btnPlay.setImageResource(R.drawable.pause_selector);
}
```

```java
//播放
private void playMusic() {
    String musicPath = MainActivity.musicsData.get(MainActivity.currentIndex)
                                    .getMusicUrl();
    try {
        mp.reset();
        mp.setDataSource(musicPath);
        mp.prepare();
        mp.start();
        MpStatus = SMPConstants.STATUS_PLAY;
        //修改按钮的图片
        btnPlay.setImageResource(R.drawable.pause_selector);
        tvLrc.setText("");
    } catch (IllegalArgumentException e) {
        e.printStackTrace();
    } catch (SecurityException e) {
        e.printStackTrace();
    } catch (IllegalStateException e) {
        e.printStackTrace();
    } catch (IOException e) {
        e.printStackTrace();
    }
}

//播放上一首歌曲, 如果已经是第一首, 则播放最后一首歌曲
private void prevMusic() {
if(MainActivity.currentIndex<=0){
        MainActivity.currentIndex=MainActivity.musicsData.size()-1;
    }else{
        MainActivity.currentIndex--;
    }
    playMusic();
MpStatus = SMPConstants.STATUS_PLAY;
//修改按钮的图片
tvLrc.setText("");
    initView(MainActivity.currentIndex);
}

//播放下一首歌曲, 如果已经是最后一首, 则播放第一首歌曲
```

```
private void nextMusic() {
if(MainActivity.currentIndex>=MainActivity.musicsData.size()-1){
        MainActivity.currentIndex=0;
    }else{
        MainActivity.currentIndex++;
    }
    playMusic();
MpStatus = SMPConstants.STATUS_PLAY;
    initView(MainActivity.currentIndex);
}
```

（18）在 MusicPlayFragment 中，声明类 MusicPlayFragment 实现了 OnClickListener 接口，并重写 onClick()方法，代码如下。

```
public class MusicPlayFragment extends Fragment implements View.OnClickListener{
    public void onClick(View v) {
        switch (v.getId()) {
            case R.id.btnPlay:
                switch (MpStatus) {
                    case SMPConstants.STATUS_PAUSE:
                        continueMusic();
                        break;
                    case SMPConstants.STATUS_PLAY:
                        pauseMusic();
                        break;
                    case SMPConstants.STATUS_STOP:
                        playMusic();
                        break;
                    default:
                        break;
                }
                break;
            case R.id.btnPrev:
                prevMusic();
                break;
            case R.id.btnNext:
                nextMusic();
                break;
            default:
                break;
        }
    MainActivity.musicListAdapter.refreshSelectPosition();
```

```
    }
}
```

（19）找到 MusicPlayFragment 的 onCreateView()方法，在 return 语句前添加如下代码，实现一首歌曲播放完毕后，自动播放下一首歌曲的功能。

```
mp.setOnCompletionListener(new MediaPlayer.OnCompletionListener() {
    @Override
    public void onCompletion(MediaPlayer arg0) {
        nextMusic();
    }
});
```

5.3 任务 3 实现后台播放音乐功能

1. 任务简介

任务 2 实现了本地音乐的获取和播放，但是当关闭当前的 Activity 后，音乐会停止播放。本任务将使用 Service 实现音乐的后台播放。由于此时播放界面与用于播放音乐的 Service 是相互独立运行的，所以需要解决播放界面和后台 Service 之间的信息传递问题。这里采用 startService()方法向 Service 中传递数据和命令，通过 BroadcastReceiver 接收 Service 发送的信息，从而实现前台、后台信息的传递。

2. 相关知识

（1）Service

Service 是 Android 系统的四大组件之一，它和 Activity 的级别差不多，但没有界面，只能在后台运行。Service 可以在很多场合中使用，可用来检测网络状态变化、在后台记录用户地理信息位置的改变等。

Service 的启动有两种方式：context.startService()和 context.bindService()。Service 的生命周期如图 5-13 所示。

① 使用 context.startService()启动 Service 的流程如下：如果 Service 还没有运行，则 Android 先调用 onCreate()方法，再调用 onStartCommand()方法；如果 Service 已经运行，则只调用 onStartCommand()方法。所以一个 Service 的 onStartCommand()方法可能会被重复调用。如果调用 context.stopService()方法，则会直接调用 onDestroy()方法；而如果是调用者自己直接退出而没有调用 context.stopService()方法，则 Service 会一直在后台运行。

② 使用 context.bindService()启动 Service 的流程如下： onBind()方法将返回给调用者一个 IBind 接口对象，该对象允许调用者直接调用服务的方法，如获得 Service 的对象、运行状态或其他操作等。此时，调用者（Context，如 Activity）和 Service 被绑定在一起，若调用者退出了，则 Service 也会跟着结束，自动调用 onUnbind()和 onDestroy()方法。

在 Service 的每一次开启及关闭的过程中，只有 onStartCommand()方法可被多次调用（通过多次调用 startService()），其他方法如 onCreate()、onBind()、onUnbind()和 onDestroy()在一个生命周期中只能被调用一次。

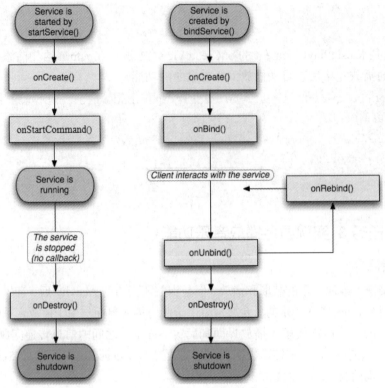

图 5-13　Service 的生命周期

（2）广播和广播接收器

在 Android 中，广播（Broadcast）是一种广泛运用在应用程序之间，用来进行信息传输的机制，其有些类似于人们日常生活中使用的广播电台。不同的广播电台通过特定的频率来发送它们的内容，而用户只需要将收音机的频率调整为和特定广播电台的频率一样即可收听其节目。

关于广播和广播接收器，有以下几点需要了解。

① 系统通过 sendBroadcast()方法发送广播信息。

② 广播接收器（BroadcastReceiver）是为了接收系统广播而设计的一种组件，相当于收音机。

③ 特定的 Intent 就是广播的频率。

广播接收器用于监听被广播的事件，必须进行注册，使 Android 系统知道现在有这样一个广播接收器正在等待接收广播。当有广播事件产生时，Android 先告诉注册到其中的广播接收器产生了一个怎样的事件，每个广播接收器先判断该事件是不是自己需要的事件，如果是则进行相应的处理。

广播接收器的注册方法有静态注册和动态注册。

静态注册方法是在 AndroidManifest.xml 的"application"节中定义 receiver 并设置要接收的 action。静态注册的特点是不管该应用是否处于活动状态，广播接收器都会进行监听。静态注册的代码如下。

```
<receiverandroid:name="MyReceiver">
<intent-filter>
```

```
        <action android:name="MyReceiver_Action"/>
    </intent-filter>
    </receiver>
```

其中，MyReceiver 继承自 BroadcastReceiver 类，并重写了 onReceiver()方法，对广播进行处理；而<intent-filter>用于设置过滤器，接收指定 action 广播。

动态注册方法是在程序中调用函数来注册，它的一个参数是 receiver，另一个参数是 IntentFilter，用来指定要接收的 action。

动态注册的特点是在代码中进行注册，当应用程序关闭后，广播接收器不再进行监听。动态注册的代码如下。

```
MyReceiverreceiver=newMyReceiver();
//创建过滤器，并指定 action，使之用于接收指定 action 的广播
IntentFilterfilter=newIntentFilter("MyReceiver_Action");
//注册广播接收器
registerReceiver(receiver,filter);
```
动态注册可以使用如下代码进行注销。
```
//注销广播接收器
unregisterReceiver(receiver);
```
注册好接收器之后即可发送广播，代码如下。
```
//指定广播目标 action
Intentintent=newIntent("MyReceiver_Action");
//可通过 Intent 携带消息
intent.putExtra("msg","发送广播");
//发送广播消息
sendBroadcast(intent);
```

3. 任务实施

（1）新建包 "cn.edu.szpt.mysimplemp3player.services"，在该包中新建服务类 PlayMusicService，重写相关方法，并参照 MainActivity 中的代码，在 PlayMusicService 类中定义 musicsData，用于存放歌曲列表信息，定义 currentIndex，用于存放当前歌曲的位置序号，定义 setData()方法，用于获取当前设备中的所有歌曲信息，并填充到 musicsData 集合中。相关代码如下。

V5-3 实现后台播放音乐功能

```
public class PlayMusicService extends Service {

    public static ArrayList<MusicBean>musicsData;
    private int currentIndex=-1;

    @Nullable
    @Override
    public IBinder onBind(Intent intent) {
        return null;
    }
}
```

```
@Override
public void onCreate() {
    super.onCreate();
    musicsData=new ArrayList<MusicBean>();
    setData();
    if(musicsData.size()>0)  currentIndex = 0;
}

@Override
public int onStartCommand(Intent intent, int flags, int startId) {
    return super.onStartCommand(intent, flags, startId);
}

@Override
public void onDestroy() {
    super.onDestroy();
}

private void setData(){
    musicsData.clear();
    //利用 ContentProvider 查询存储卡中的音乐文件
    //将查询的结果放入游标 c
    Cursor c = this.getContentResolver()
            .query(MediaStore.Audio.Media.EXTERNAL_CONTENT_URI,
            null, null, null, null);
    while(c.moveToNext()){
        String musicname=c.getString(c.getColumnIndex(
                            MediaStore.Audio.Media.TITLE));
        String singer=c.getString(c.getColumnIndex(
                            MediaStore.Audio.Media.ARTIST));
        int duration=c.getInt(c.getColumnIndex(
                            MediaStore.Audio.Media.DURATION));
        int albumid=c.getInt(c.getColumnIndex(
                            MediaStore.Audio.Media.ALBUM_ID));
        String musicurl=c.getString(c.getColumnIndex(
                            MediaStore.Audio.Media.DATA));
        String lrcurl="";
        MusicBean bean=new MusicBean(musicname,singer,duration,
                            albumid, musicurl, lrcurl);
        musicsData.add(bean);
    }
```

```
                c.close();
        }
    }
```

（2）这里将 PlayMusicService 类中的 musicsData 定义为静态的，可以实现歌曲信息集合在整个应用中的共享。因此，需要在 MainActivity 中删除相关代码，并在整个应用中使用 PlayMusicService.musicsData 取代 MainActivity.musicsData，代码如下。

```
public class MainActivity extends AppCompatActivity {
    private ViewPager pager;
    private PagerAdapter mAdapter;
    private ArrayList<Fragment>fragments;

    public static MusicListAdapter musicListAdapter;
    public static int currentIndex;

    @Override
    protected void onCreate(Bundle savedInstanceState) {
        super.onCreate(savedInstanceState);
        setContentView(R.layout.activity_main);
        //初始化控件，获取 ViewPager 对象
        pager = (ViewPager) findViewById(R.id.pager);
        musicListAdapter = new MusicListAdapter(getApplicationContext(),
                                    PlayMusicService.musicsData);
        currentIndex = intent.getIntExtra("index",-1);
        //初始化数据
        MusicPlayFragment f1 = new MusicPlayFragment();
        MusicListFragment f2 = new MusicListFragment();
        fragments.add(f1);
        fragments.add(f2);
        initViewPager();
    }

    private void initViewPager() {
        mAdapter = new MyViewPagerAdapter(getSupportFragmentManager(),
fragments);
        pager.setAdapter(mAdapter);
        //设置当前显示的是第一个 view
        pager.setCurrentItem(0);
    }
}
```

（3）此时，运行将会出现错误，这是因为对 musicsData 进行的填充数据操作是在 PlayMusicService 类中进行的，而这里 Service 根本没有启动，musicsData 为 null。所以，

需要先启动 PlayMusicService，等数据填充完成，再进入相应的 Fragment 界面。而启动 Service 是一个异步命令，所以无法知道何时启动完成，这里使用广播来实现前台 Activity 和后台 Service 之间的同步，具体操作如下：启动 Service→完成后，由 Service 向 Activity 发送广播→Activity 接收广播，初始化相应的 Fragment。

① 在 SMPConstants 类中定义广播标志及相关的前后台交互命令，代码如下。

```java
public class SMPConstants {
    //MediaPlayer 的状态信息
    public static final int STATUS_STOP = 0;
    public static final int STATUS_PLAY = 1;
    public static final int STATUS_PAUSE = 2;
    public static final int STATUS_CALLIN_PAUSE = 3; //来电暂停

    // Activity 向 Service 传送的命令
    public static final int CMD_PLAY = 1;                   //播放
    public static final int CMD_PAUSE = 2;                  //暂停
    public static final int CMD_CONTINUE = 3;              //继续播放
    public static final int CMD_PREV = 4;                  //上一首
    public static final int CMD_NEXT = 5;                  //下一首
    public static final int CMD_GETINFORM = 6;            //获取后台状态信息
    public static final int CMD_CHANGEPROGRESS = 7; //改变播放进度
    public static final int CMD_PLAYATPOSITION = 8; //播放指定位置的歌曲
    //后台向前台发送后台当前状态信息广播
    public static final String ACT_SERVICE_REQUEST_BROADCAST =
                        "cn.edu.szpt.MySimpleMP3Player.ResponseInform";
    //后台向前台发送歌词广播
    public static final String ACT_LRC_RETURN_BROADCAST=
                "cn.edu.szpt.MySimpleMP3Player.ACT_LRC_RETURN_BROADCAST";
    //后台向前台发送进度条信息广播
    public static final String ACT_PROGRESS_RETURN_BROADCAST=
                "cn.edu.szpt.MySimpleMP3Player.ACT_PROGRESS_RETURN_BROADCAST";
}
```

② 在 MainActivity 中定义内部类 "StatusReceiver"，其继承自 BroadcastReceiver 类，并重写相应方法，代码如下。

```java
class StatusReceiver extends BroadcastReceiver{

    @Override
    public void onReceive(Context context, Intent intent) {
        currentIndex = intent.getIntExtra("index", -1);
        int mpstatus = intent.getIntExtra("status", -1);
        if (fragments == null) {
                musicListAdapter = new MusicListAdapter
```

```
                    (getApplicationContext(), PlayMusicService.musicsData);
                //初始化数据
                fragments = new ArrayList<Fragment>();
                MusicPlayFragment f1 = new MusicPlayFragment();
                MusicListFragment f2 = new MusicListFragment();
                fragments.add(f1);
                fragments.add(f2);
                initViewPager();
            }
            //根据播放状态，显示界面的状态
            ((MusicPlayFragment)fragments.get(0)).setMpStatus(mpstatus);
        }
}
```

③ 在 MusicPlayFragment 中添加 setMpStatus 方法，代码如下。

```
public void setMpStatus(int mpStatus) {
    initView(MainActivity.currentIndex);
    MpStatus = mpStatus;
if(mpStatus==SMPConstants.STATUS_PLAY){
    btnPlay.setImageResource(R.drawable.pause_selector);
}else{
    btnPlay.setImageResource(R.drawable.play_selector);
}
}
```

④ 修改 MainActivity 中的 onCreate()方法，在其末尾添加启动 Service 的代码，如下所示。

```
Intent intent = new Intent(MainActivity.this,PlayMusicService.class);
intent.putExtra("CMD", SMPConstants.CMD_GETINFORM);
startService(intent);
```

⑤ 重写 MainActivity 中的 onPause()和 onResume()方法，代码如下。

```
@Override
protected void onPause() {
    super.onPause();
    //取消注册
    unregisterReceiver(statusReceiver);
}


@Override
protected void onResume() {
    super.onResume();
    //注册广播
    statusReceiver = new StatusReceiver();
```

```
        registerReceiver(statusReceiver,new IntentFilter(
                        SMPConstants.ACT_SERVICE_REQUEST_BROADCAST));
    }
```

⑥ 在 PlayMusicService 中添加成员方法 sendPMSInform()，代码如下。

```
private void sendPMSInform() {
    intent i = new Intent(SMPConstants.ACT_SERVICE_REQUEST_BROADCAST);
    i.putExtra("index", currentIndex);
    i.putExtra("status",MpStatus);
    sendBroadcast(i);
}
```

⑦ 修改 PlayMusicService 中的 onStartCommand()方法，代码如下。

```
public int onStartCommand(Intent intent, int flags, int startId) {
    if(intent !=null) {
    int cmd = intent.getIntExtra("CMD", -1);
    switch (cmd) {
    case SMPConstants.CMD_GETINFORM:
    sendPMSInform();
                    break;
                }
    return super.onStartCommand(intent, flags, startId);
}
```

（4）此时，实现了歌曲列表和当前歌曲信息的显示。下面来实现歌曲的播放功能。由于需要在 Service 中播放，所以可参照本章任务 2 任务实施中 MusicPlayFragment 的实现步骤（15）～步骤（17）的相关介绍，对 PlayMusicService 做相应修改，如以下代码中粗体部分所示。

```
public class PlayMusicService extends Service {
    public static ArrayList<MusicBean>musicsData;
    private int currentIndex=-1;

    //保存MediaPlayer对象，用于播放音乐
    private MediaPlayer mp;
    //用于记录播放器的状态
    private int MpStatus;

    @Override
    public void onCreate() {
        super.onCreate();
        musicsData=new ArrayList<MusicBean>();
        setData();
        if(musicsData.size()>0)  currentIndex = 0;
            //将当前播放器状态设置为Stop
```

```java
        MpStatus=SMPConstants.STATUS_STOP;
    //实例化MediaPlayer对象
    mp = new MediaPlayer();
    //当歌曲播放完毕后自动播放下一首
    mp.setOnCompletionListener(new MediaPlayer.OnCompletionListener() {
        @Override
        public void onCompletion(MediaPlayer arg0) {
            nextMusic();
            sendPMSInform();
        }
    });
}


@Override
public int onStartCommand(Intent intent, int flags, int startId) {
    if(intent !=null) {
        int cmd = intent.getIntExtra("CMD", -1);
        switch (cmd) {
            case SMPConstants.CMD_GETINFORM:
                Intent i = new Intent(
                        SMPConstants.ACT_SERVICE_REQUEST_BROADCAST);
                i.putExtra("index", currentIndex);
                sendBroadcast(i);
                break;
            case SMPConstants.CMD_PLAY:
                playMusic();
                break;
            case SMPConstants.CMD_NEXT:
                nextMusic();
                break;
            case SMPConstants.CMD_PAUSE:
                pauseMusic();
                break;
            case SMPConstants.CMD_CONTINUE:
                continueMusic();
                break;
            case SMPConstants.CMD_PREV:
                prevMusic();
                break;
        }
```

```
    }
        return super.onStartCommand(intent, flags, startId);
}

@Override
public void onDestroy() {
    super.onDestroy();
    if (mp != null) {
        mp.stop();
        mp.release();
    }
}

private void setData(){
        //此处省略代码，和 MainActivity 中相同
}

//暂停播放
private void pauseMusic() {
    mp.pause();
    MpStatus = SMPConstants.STATUS_PAUSE;
}

//继续播放
private void continueMusic() {
    mp.start();
    MpStatus = SMPConstants.STATUS_PLAY;
}

//播放
private void playMusic() {
    String musicPath = musicsData.get(currentIndex).getMusicUrl();
    try {
        mp.reset();
        mp.setDataSource(musicPath);
        mp.prepare();
        mp.start();
        MpStatus = SMPConstants.STATUS_PLAY;
    } catch (IllegalArgumentException e) {
        e.printStackTrace();
    } catch (SecurityException e) {
```

```
            e.printStackTrace();
        } catch (IllegalStateException e) {
            e.printStackTrace();
        } catch (IOException e) {
            e.printStackTrace();
        }
    }


    //播放上一首歌曲，如果已经是第一首，则播放最后一首歌曲
    private void prevMusic() {
        if(currentIndex<=0){
            currentIndex=musicsData.size()-1;
        }else{
            currentIndex--;
        }
        playMusic();
        MpStatus = SMPConstants.STATUS_PLAY;
    }


    //播放下一首歌曲，如果已经是最后一首，则播放第一首歌曲
    private void nextMusic() {
        if(currentIndex>=musicsData.size()-1){
            currentIndex=0;
        }else{
            currentIndex++;
        }
        playMusic();
        MpStatus = SMPConstants.STATUS_PLAY;
    }
}
```

（5）在MusicPlayFragment中删除成员变量private MediaPlayer mp，并修改与播放器操作相关的方法，代码如下。

```
public class MusicPlayFragment extends Fragment implements View.
OnClickListener {
    //此处省略没有变化的代码
    //暂停播放
    private void pauseMusic() {
        Intent i = new Intent(getActivity(), PlayMusicService.class);
        i.putExtra("CMD", SMPConstants.CMD_PAUSE);
        getActivity().startService(i);
```

```
        MpStatus = SMPConstants.STATUS_PAUSE;
        //修改按钮的图片
        btnPlay.setImageResource(R.drawable.play_selector);
}


//继续播放
private void continueMusic() {
    Intent i = new Intent(getActivity(), PlayMusicService.class);
    i.putExtra("CMD", SMPConstants.CMD_CONTINUE);
    getActivity().startService(i);
    MpStatus = SMPConstants.STATUS_PLAY;
    //修改按钮的图片
    btnPlay.setImageResource(R.drawable.pause_selector);
}


//播放
private void playMusic() {
    Intent i = new Intent(getActivity(), PlayMusicService.class);
    i.putExtra("CMD", SMPConstants.CMD_PLAY);
    getActivity().startService(i);
    MpStatus = SMPConstants.STATUS_PLAY;
    //修改按钮的图片
    btnPlay.setImageResource(R.drawable.pause_selector);
    tvLrc.setText("");
}


//播放上一首歌曲，如果已经是第一首，则播放最后一首歌曲
private void prevMusic() {
    Intent i = new Intent(getActivity(), PlayMusicService.class);
    i.putExtra("CMD", SMPConstants.CMD_PREV);
    getActivity().startService(i);
    if(MainActivity.currentIndex<=0){
        MainActivity.currentIndex=PlayMusicService.musicsData.size()-1;
    }else{
        MainActivity.currentIndex--;
    }
    MpStatus = SMPConstants.STATUS_PLAY;
    //修改按钮的图片
    tvLrc.setText("");
    btnPlay.setImageResource(R.drawable.pause_selector);
    initView(MainActivity.currentIndex);
```

```
    }

    //播放下一首歌曲，如果已经是最后一首，则播放第一首歌曲
    private void nextMusic() {
        Intent i = new Intent(getActivity(), PlayMusicService.class);
        i.putExtra("CMD", SMPConstants.CMD_NEXT);
        getActivity().startService(i);
        if(MainActivity.currentIndex>=PlayMusicService.musicsData.size()-1){
            MainActivity.currentIndex=0;
        }else{
            MainActivity.currentIndex++;
        }
        MpStatus = SMPConstants.STATUS_PLAY;
        btnPlay.setImageResource(R.drawable.pause_selector);
        initView(MainActivity.currentIndex);
    }
}
```

（6）单击工具栏中的▶按钮，运行程序，实现音乐的后台播放功能。

5.4 任务 4 实现歌词及歌曲播放进度的同步

1．任务简介

本任务将实现歌词及歌曲播放进度的同步。因为播放是在 Service 中进行的，而界面显示在 Activity 中，这就需要在两者之间传递信息，这里采用广播方式实现；在歌词同步显示中，需要定时对比播放进度和歌词显示的时间，这里采用多线程结合 Handler 方式实现。歌词及歌曲播放进度同步效果如图 5-14 所示。

2．相关知识

（1）多线程

通常情况下，人们将一个运行中的应用程序称为一个进程（Process），每个进程中又可能包含了多个顺序执行流，每个顺序执行流就是一个线程（Thread）。简单来说，所谓线程就是程序中的一个指令执行序列。

线程是程序执行流的最小单元。一个标准的线程由线程 ID、当前指令指针、寄存器集合和堆栈组成。线程是进程中的一个实体，是被系统独立调度和分派的基本单位，线程自己不拥有系统资源，只拥有一些在运行中必不可少的资源，但它可与同属一个进程的其他线程共享进程所拥有的全部资源。当一个程序启动时，就有一个进程被操作系统创建，与此同时，一个线程也立刻运行，该线程

图 5-14　歌词及歌曲播放
进度同步效果

通常称为程序的主线程（Main Thread），因为它是程序开始时就执行的，如果还需要创建线程，那么创建的线程就是主线程的子线程。每一个程序都至少有一个线程，若程序只有一个线程，则线程就是程序本身。

在单个程序中同时运行多个线程完成不同的工作，称为多线程。当有多个线程在运行时，操作系统是如何让它们"同时执行"的呢？其实，在计算机中，一个 CPU 在任意时刻只能执行一条机器指令，每个线程只有获得 CPU 的使用权才能执行自己的指令。操作系统通过将 CPU 时间划分为时间片的方式，让就绪线程轮流获得 CPU 的使用权，从而支持多段代码轮流运行，只是这个时间片划分得足够小，使用户觉得线程在同时执行。因此，所谓多线程的并发运行，其实是指从宏观上看，各个线程轮流获得 CPU 的使用权，分别执行各自的任务。

创建线程的方法有继承 Thread 类和实现 Runnable 接口两种。

① 通过继承 Thread 类创建线程：通过继承 Thread 类，并重写 run()方法，可以定义自己的线程类 Demo，并将希望线程执行的代码写到 run()方法中，代码如下。

```java
public class Demo extends Thread {
        private String name;

        public Demo(String name){
                this.name=name;
        }

        @Override
        public void run() {
                for(int i=0;i<10;i++){
                        System.out.println(this.name + " is running,i=" + i);
                }
        }
```

启动线程时需要调用 start()方法，代码如下。注意，由于线程是随机运行的，所以每次运行的结果都会不同。

```java
class DemoTest{
        public static void main(String[] args){
                Demo t1=new Demo("Thread_1");
                Demo t2=new Demo("Thread_2");

                t1.start();
                t2.start();
        }
}
```

② 通过实现 Runnable 接口创建线程：由于 Java 是单继承的，如果继承了 Thread 类，就无法再继承其他类了，因此，在实际开发过程中，通常采用实现 Runnable 接口的方式来创建线程，具体代码如下。

```
public class Demo implements Runnable {

        private String name;

        public Demo(String name){
                this.name=name;
        }

        @Override
        public void run() {
                for(int i=0;i<10;i++){
                        System.out.println(this.name + " is running,i=" + i);
                }
        }

}
```

这两种方法的主要不同之处在于后者将继承 Thread（extends Thread）改为了实现 Runnable 接口（implements Runnable）。

此时，启动线程时不能直接调用 run() 方法，而需要通过 Thread 类中的 start() 方法启动，具体代码如下。

```
class DemoTest{
        public static void main(String[] args){
                Demo d1=new Demo("Thread_1");
                Demo d2=new Demo("Thread_2");
                Thread t1=new Thread(d1);
                Thread t2=new Thread(d2);
                t1.start();
                t2.start();

        }
}
```

（2）Handler

Android 中不允许 Activity 新启动的线程访问该 Activity 中的 UI 控件，这样会导致新启动的线程无法改变 UI 控件的属性值。但在实际开发中，很多情况下需要在工作线程中改变 UI 控件的属性值，如要显示加载进度或网络图片时等，这样便出现了 Handler 类。

Handler 类直接继承自 Object 类，一个 Handler 允许发送和处理 Message 或 Runnable 对象，并且会关联到主线程的 MessageQueue 中。Handler 可以把 Message 或 Runnable 压入相应的消息队列，以及从相应的消息队列中取出 Message 或 Runnable 对象，进而进行相关操作。

Handler 主要有两个作用：在工作线程中发送消息和在 UI 线程中获取、处理消息。

Handler 使用 post 方式将 Runnable 对象压入消息队列，并调度运行。与 post 操作有关的方法有如下几个。

① post(Runnable r)：把一个 Runnable 对象压入消息队列，UI 线程从消息队列中取出这个对象后，立即执行。

② postAtTime(Runnable r,long uptimeMillis)：把一个 Runnable 对象压入消息队列，UI 线程从消息队列中取出这个对象后，在特定的时间执行。

③ postDelayed(Runnable r,long delayMillis)：把一个 Runnable 对象压入消息队列，UI 线程从消息队列中取出这个对象后，延迟 delayMillis 毫秒执行。

④ removeCallbacks(Runnable r)：从消息队列中移除一个 Runnable 对象。

在工作线程中，使用 Handler 对象通过 sendMessage()方法把 Message 对象压入队列，在 UI 线程上，为获取工作线程传递过来的信息，需要在 Handler 类中重写 handleMessage()方法。与 sendMessage 操作有关的方法有如下几个。

① sendEmptyMessage(int)：把一个 EmptyMessage 压入消息队列，立即执行。

② sendMessage(Message)：把一个 Message 压入消息队列，立即执行。

③ sendMessageAtTime(Message,long)：把一个 Message 压入消息队列，在特定的时间执行。

④ sendMessageDelayed(Message,long)：把一个 Message 压入消息队列，延迟 delayMills 秒执行。

Message 是一个 final 类，所以不可被继承。Message 封装了线程中传递的消息，对于一般的数据，Message 提供了 getData()和 setData()方法来获取及设置数据，这些数据是一个 Bundle 对象，这个 Bundle 对象提供了一系列的 getXxx()和 setXxx()方法，用于传递基本数据类型的键值对，对于基本数据类型，其使用起来很简单，这里不再详细讲解。

此外，还有一种在 Message 中传递对象的方式——使用 Message 自带的 obj 属性传值。它是 Object 类型，所以可以传递任意类型的对象。Message 自带的属性如下。

① int arg1：参数一，用于传递不复杂的数据，复杂数据使用 setData()传递。

② int arg2：参数二，用于传递不复杂的数据，复杂数据使用 setData()传递。

③ Object obj：传递一个任意的对象。

④ int what：定义的消息码，一般用于设定消息的标志。

对于 Message 对象，一般并不推荐直接使用它的构造方法得到，而是建议通过使用 Message.obtain()方法或者 Handler.obtainMessage()方法获取。Message.obtain()方法会从消息池中获取一个 Message 对象，如果消息池是空的，则会使用构造方法实例化一个新 Message，这样有利于消息资源的利用。

（3）歌词文件

lrc 是英文 lyric（歌词）的缩写。以.lrc 为扩展名的歌词文件可以在各类数码播放器中同步显示。lrc 格式是一种包含"*:*"形式的标签的、基于纯文本的歌词专用格式。其最早由郭祥祥先生提出并在其程序中得到应用。这种歌词文件既可以用于实现卡拉 OK 功能（需要专门的程序），又能以普通的文字处理软件进行查看、编辑。以下就是一首歌曲的 LRC

文件示例。

[00:00.00]半壶纱

[00:04.40]作词：刘珂矣&百慕三石

[00:07.30]作曲：刘珂矣&百慕三石

[00:10.59]编曲：百慕三石

[00:13.40]合音：刘珂矣&百慕三石

[00:16.48]录音/缩混：百慕三石

[00:19.45]演唱：刘珂矣

[00:20.94]

[00:26.27]墨已入水　渡一池青花

[00:32.04]揽五分红霞　采竹回家

[00:38.32]悠悠风来　埋一地桑麻

[00:44.59]一身袈裟　把相思放下

[00:50.04]

[00:50.47]十里桃花　待嫁的年华

[00:57.02]凤冠的珍珠　挽进头发

[01:02.64]檀香拂过　玉镯弄轻纱

[01:08.91]空留一盏　芽色的清茶

[01:14.21]

[01:15.48]倘若我心中的山水　你眼中都看到

[01:22.12]我便一步一莲花祈祷

[01:27.23]怎知那浮生一片草　岁月催人老

[01:34.39]风月花鸟　一笑尘缘了

[01:39.19]

[02:04.13]十里桃花　待嫁的年华

[02:09.84]凤冠的珍珠　挽进头发

[02:15.79]檀香拂过　玉镯弄轻纱

[02:22.16]空留一盏　芽色的清茶

[02:27.67]

[02:28.41]倘若我心中的山水　你眼中都看到

[02:35.55]我便一步莲花祈祷

[02:40.46]怎知那浮生一片草　岁月催人老

[02:47.67]风月花鸟　一笑尘缘了

[02:52.86]倘若我心中的山水　你眼中都看到

[02:59.97]我便一步一莲花祈祷

[03:04.96]怎知那浮生一片草　岁月催人老

[03:12.21]风月花鸟　一笑尘缘了

[03:16.99]

[03:17.43]怎知那浮生一片草　岁月催人老

[03:24.43]风月花鸟　一笑尘缘了

从上面的内容不难看出，LRC 文件的基本格式如下：[时间标签]+歌词内容。

时间标签：其形式为"[mm:ss]"或"[mm:ss.ff]"。其中，数字必须为非负整数，如"[02:28.3]"是有效的，而"[02:-28.5]"无效。根据这些时间标签，用户端程序会按顺序依次高亮显示歌词，从而实现卡拉 OK 功能。另外，标签无需排序。

除了时间标签之外，有些 LRC 文件还存在标识标签。标识标签的形式为"[标识名:值]"，主要包括以下预定义的标签。

① [ar:歌手名]。

② [ti:歌曲名]。

③ [al:专辑名]。

④ [by:编辑者（指 LRC 歌词的制作人）]。

⑤ [offset:时间补偿值]。其单位是 ms，正值表示整体提前，负值则相反。其用于整体调整显示快慢，但多数的 MP3 文件不支持这种标签。

V5-4　实现歌词及歌曲播放进度的同步

3. 任务实施

（1）在包"cn.edu.szpt.mysimplemp3player.beans"中新建一个实体类，并将其命名为"LrcBean"，添加相应的 get 和 set 方法，并实现 Comparable 接口，代码如下。

```
public class LrcBean implements Comparable<LrcBean>{
    //歌词开始时间
    private int beginTime;
    //歌词信息
    private String lrcMsg;

    public LrcBean(int beginTime, String lrcMsg) {
    this.beginTime = beginTime;
    this.lrcMsg = lrcMsg;
     }

    public int getBeginTime() {
    return beginTime;
     }

    public void setBeginTime(int beginTime) {
    this.beginTime = beginTime;
     }

    public String getLrcMsg() {
    return lrcMsg;
     }
```

```
public void setLrcMsg(String lrcMsg) {
this.lrcMsg = lrcMsg;
 }


@Override
public int compareTo(@NonNull LrcBean another) {
return this.beginTime-another.beginTime;
 }

}
```

（2）新建包 "cn.edu.szpt.mysimplemp3player.lrc"，在该包中新建类 LrcProcessor，用于解析歌词文件，将解析后的信息存储在 ArrayList 中，具体代码如下。

```
public class LrcProcessor {
    ArrayList<LrcBean>lrcmap=new ArrayList<LrcBean>();

    //判断歌词文件的编码
    public static String getCharSet(InputStream in){
    byte[] b = new byte[3];
        String charset="";
    try {
    in.read(b);
    in.close();
    if (b[0] ==(byte) 0xEF && b[1] == (byte)0xBB && b[2] ==(byte) 0xBF)
    charset= "UTF-8";
    else if(b[0] == (byte) 0xFE && b[1] == (byte) 0xFF)
    charset= "UTF-16BE";
    else if(b[0] == (byte) 0xFF && b[1] == (byte) 0xFE)
     charset = "UTF-16LE";
    else
    charset=  "GBK";
    } catch (IOException e) {
    e.printStackTrace();
    }
    return charset;
  }

//解析歌词文件，解析后的结果以 ArrayList 形式返回
public ArrayList<LrcBean> process(InputStream in,String charset){
    try{
        InputStreamReader inreader;
        if(!charset.equals("")){
```

```
                inreader=new InputStreamReader(in,charset);
            }else{
                inreader=new InputStreamReader(in);
            }
            BufferedReader br=new BufferedReader(inreader);
            String temp;
            while((temp=br.readLine())!=null){
                paraseLine(temp);
            }
            Collections.sort(lrcmap);
            br.close();
            in.close();
        }catch(IOException ex){
            Log.i("IOException", ex.getMessage());
        }
        return lrcmap;
    }


//按照歌词文件的格式解析一行数据
private void paraseLine(String str){
        String msg;
        //获得歌曲名信息
        if (str.startsWith("[ti:")) {
            String title = str.substring(4, str.length() - 1);
            System.out.println("title--->" + title);
        }//获得歌手信息
        else if (str.startsWith("[ar:")) {
            String singer = str.substring(4, str.length() - 1);
            System.out.println("singer--->" + singer);

        }//获得专辑信息
        else if (str.startsWith("[al:")) {
            String album = str.substring(4, str.length() - 1);
            System.out.println("album--->" + album);
        }//通过正则获得每句歌词的信息
        else {
            Pattern p=Pattern.compile(
"\\[\\s*[0-9]{1,2}\\s*:\\s*[0-5][0-9]\\s*[\\.:]?\\s*[0-9]?[0-9]?\\s*\\]");
            Matcher m=p.matcher(str);
            msg=str.substring(str.lastIndexOf("]")+1);
        while(m.find()){
```

```
        String timestr=m.group();
        timestr=timestr.substring(1,timestr.length()-1);
        int timeMil=time2long(timestr);
        LrcBean temp=new LrcBean(timeMil,msg);
        lrcmap.add(temp);
        Log.i("Test", timeMil + "---" + msg);
        }
    }
}

//将 mm:ss.ff 格式的时间转换为 ms 值
private int time2long(String timestr){
    int min=0,sec=0,mil=0;
    try{
        timestr= timestr.replace(".", ":");
        String[] s=timestr.split(":");
        switch (s.length) {
            case 2:
                min=Integer.parseInt(s[0]);
                sec=Integer.parseInt(s[1]);
                break;
            case 3:
                min=Integer.parseInt(s[0]);
                sec=Integer.parseInt(s[1]);
                mil=Integer.parseInt(s[2]);
                break;
            default:
                break;
        }
    }catch(Exception ex){
        Log.i("LrcErr", timestr + ex.getMessage());
    }
    return min*60*1000+ sec*1000+mil*10;
    }
}
```

（3）歌词的同步原理：音乐播放时，程序通过一个线程定时比较当前时间和歌词文件中指定的开始时间，如果到时，则通过广播将该段歌词发送出去，否则等待下次比较时间。

① 打开 PlayMusicService 类，添加成员变量，代码如下。

```
//保存每条歌词的时间和内容
```

```
private ArrayList<LrcBean>lrcs;
//下一条歌词显示的时间
private int nextTimeMil = 0;
//歌词 Arraylist 中的序号
private int LrcPos;
//歌词内容
private String message;
//用于调度歌词线程
private Handler lrcHandler = new Handler();
//自定义实现 Runnable 接口的线程类
private LrcCallBack r = null;
```

② 在 PlayMusicService 类中声明内部类"LrcCallBack"并实现 Runnable 接口，此后重写 run()方法。在该方法中比较时间，判断是否到了要求的时间，如果到时，则发送广播，代码如下。

```
class LrcCallBack implements Runnable {
    private ArrayList<LrcBean>lrcList;

    public LrcCallBack(ArrayList<LrcBean> lrcList) {
        this.lrcList = lrcList;
        LrcPos=0;
        }


    @Override
    public void run() {
        try {
            //如果首次调用，则获取下一条歌词的显示时间和内容
            if (nextTimeMil == 0) {
                nextTimeMil = lrcList.get(LrcPos).getBeginTime();
                message = lrcList.get(LrcPos).getLrcMsg();
            }
            //获取当前播放时间
            int time=mp.getCurrentPosition();
            //如果到了歌词显示的时间，则将歌词通过广播形式发送出去
            if (time >= nextTimeMil) {
                //通过广播形式将歌词发送到前台
                Intent i = new Intent(SMPConstants.ACT_LRC_RETURN_BROADCAST);
                i.putExtra("LRC", message);
                sendBroadcast(i);
                LrcPos++;
                //获取下一条歌词的显示时间
```

```
                    nextTimeMil=lrcList.get(LrcPos).getBeginTime();
                //获取下一条歌词的内容
                    message = lrcList.get(LrcPos).getLrcMsg();
            }
            //如果时间没有超过歌曲长度，则10ms后再次运行该线程
            if (time <mp.getDuration()){
                lrcHandler.postDelayed(this, 10);
            }
        } catch (Exception ex) {
            Log.i("LrcErr",ex.getMessage());
        }
    }
}
```

（4）在 PlayMusicService 类中，当开始播放音乐时，搜索歌词文件，如果文件存在，则解析歌词文件，并添加成员方法 initLrc()用于解析歌词文件，代码如下。

```
private void initLrc(String lrcPath) {
    InputStream in;
    try {
        //判断指定文件的编码格式
        String charset= LrcProcessor.getCharSet(new FileInputStream(lrcPath));
        //解析歌词文件
        LrcProcessor lrcProc = new LrcProcessor();
        in = new FileInputStream(lrcPath);
        lrcs = lrcProc.process(in,charset);

        if (r != null) {
            lrcHandler.removeCallbacks(r);
        }
        //实例化线程对象
        r = new LrcCallBack(lrcs);
        nextTimeMil = 0;
    } catch (FileNotFoundException e) {
        e.printStackTrace();
    }
}
```

（5）修改 PlayMusicService 类中的 playMusic()方法，在 MediaPlayer 对象 mp 启动播放之前（即在 mp.start()语句之前）添加启动歌词线程的代码。

```
//解析歌词
initLrc(musicPath.substring(0, musicPath.length() - 3) + "lrc");
//启动歌词线程
```

```
lrcHandler.post(r);
```

（6）在 MusicPlayFragment 中增加内部类 "LrcReceiver"，其继承自 BroadcastReceiver 类，用于接收歌词广播的信息，代码如下。

```
class LrcReceiver extends BroadcastReceiver {
    @Override
    public void onReceive(Context context, Intent intent) {
        //获取广播中的歌词信息
        String msg = intent.getStringExtra("LRC");
        //显示歌词信息
        tvLrc.setText(msg);
    }
}
```

（7）在 MusicPlayFragment 中添加对 LrcReceiver 的动态注册和取消注册代码。添加成员变量 private LrcReceiver lrcReceiver，并在 onCreateView()方法的 return 语句前添加如下代码，实现广播接收器的注册。

```
public View onCreateView(LayoutInflater inflater,
    @Nullable ViewGroup container, @Nullable Bundle savedInstanceState) {
    View view=inflater.inflate(R.layout.fragment_music,container,false);

    //此处省略代码
    lrcReceiver=new LrcReceiver();
    getActivity().registerReceiver(lrcReceiver,  new IntentFilter(
    SMPConstants.ACT_LRC_RETURN_BROADCAST));
    return view;
}
```

（8）在 MusicPlayFragment 中重写 onDestroyView()方法，取消广播接收器的注册，代码如下。

```
@Override
public void onDestroyView() {
    super.onDestroyView();
    //取消广播接收器的注册
    getActivity().unregisterReceiver(lrcReceiver);
}
```

（9）单击工具栏中的▶按钮，运行程序，运行效果如图 5-15 所示。此时，程序已经能够同步显示歌词，但进度还无法同步。

（10）进度同步的实现方式与歌词同步的实现方式类似，在后台通过线程定时获取播放的进度，并将进度值通过广播发送到前台即可。

（11）在 PlayMusicService 类中添加成员变量 private Handler prgHandler、private PrgCallBack pr，定义内部类 "PrgCallBack"，实现 Runnable 接口，代码如下。

图 5-15 歌词同步显示运行效果

```
//调度进度线程
private Handler prgHandler=new Handler();
private PrgCallBack pr=null;

class PrgCallBack implements Runnable{
    @Override
    public void run() {
        int time=mp.getCurrentPosition();
        Intent i = new Intent(SMPConstants.ACT_PROGRESS_RETURN_BROADCAST);
        i.putExtra("PROGRESS", time);
        sendBroadcast(i);
        //每隔 300ms 发送一次
        prgHandler.postDelayed(this,300);
    }
}
```

（12）在 PlayMusicService 类中修改成员方法 initLrc()，实例化 PrgCallBack pr 变量，代码如粗体部分所示。

```
private void initLrc(String lrcPath) {
    //此处省略代码

    if (pr != null) {
        prgHandler.removeCallbacks(pr);
    }
    //创建进度条线程对象
    pr=new PrgCallBack();
```

```
    nextTimeMil = 0;

    //此处省略代码
}
```

（13）修改 PlayMusicService 类中的 playMusic()方法，在启动歌词线程之后，启动进度线程，代码如粗体部分所示。

```
//启动歌词线程
lrcHandler.post(r);
//启动进度线程
prgHandler.post(pr);
mp.start();
```

（14）在 MusicPlayFragment 中增加内部类"PrgReceiver"，其继承自 BroadcastReceiver 类，用于接收进度广播信息，代码如下。

```
class PrgReceiver extends BroadcastReceiver {
    @Override
    public void onReceive(Context context, Intent intent) {
        //获取广播中的进度信息
        int time = intent.getIntExtra("PROGRESS", 0);
        //设置进度的位置
        sbMusic.setProgress(time);
        //显示当前播放时间
        tvPlayTime.setText(Util.toTime(time));
    }
}
```

（15）在 MusicPlayFragment 中，参照步骤（7）和步骤（8），添加对 prgReceiver 的动态注册和取消注册。添加成员变量 private PrgReceiver prgReceiver，并在 onCreateView()和 onDestroyView()方法中注册和取消注册该接收器。

（16）单击工具栏中的▶按钮，运行程序，运行效果如图 5-14 所示。

5.5 课后练习

（1）继续完善进度同步功能，实现用户拖动进度滑块，歌曲跳转到指定位置继续播放。

提示：为进度增加 OnSeekBarChangeListener 监听器，使之能响应用户的拖动操作，代码如下。

```
sbMusic.setOnSeekBarChangeListener(new SeekBar.OnSeekBarChangeListener() {
    @Override
    public void onProgressChanged(SeekBar seekBar, int progress, boolean
fromUser){

    }
```

```
@Override
public void onStartTrackingTouch(SeekBar seekBar) {


    }

@Override
public void onStopTrackingTouch(SeekBar seekBar) {


    }
});
```

其中声明了以下 3 个方法。

① onProgressChanged()方法：在进度改变的时候调用。

② onStartTrackingTouch()方法：在进度滑块开始拖动的时候调用。

③ onStopTrackingTouch()方法：在进度滑块停止拖动的时候调用。

实现思路如下。

① 当进度滑块开始拖动的时候，暂停播放。

② 当进度滑块停止拖动的时候，将当前进度值发送给后台（命令为 CMD_CHANGEP
ROGRESS）。

③ 在 Service 中，当接收到 CMD_CHANGEPROGRESS 命令时，获取跳转到的进度值，
通过 mp.seekTo()方法使播放器跳转到指定位置，并同步搜索对应的歌词位置，回送到前台，
并继续播放。

（2）在歌曲列表界面中选中某一歌曲进行播放，如图 5-16 所示。

图 5-16　实现选中歌曲的播放

  提示：在 ListView 的 Item 的单击事件中，向 Service 发送 CMD_PLAYATPOSITION 命令及当前的位置信息；在 Service 中处理相应的命令，进行播放和回送信息操作。

  （3）实现来电暂停播放和来电挂断继续播放功能。

  提示：可以在 Service 中通过广播接收器监听来电和挂断广播，根据广播信息进行相应的操作，并回送信息。

第 6 章 网络通信

学习目标

- 了解 Android 网络访问基本概念及数据传输方式。
- 熟练掌握网络数据解析的方式。
- 了解异步任务的使用方式，并能在网络通信中灵活应用。
- 了解图片的缓存机制，并能熟练使用缓存机制。
- 了解 Session 的工作机制，能够实现前后端 Session 信息的传递。

前面学习了各种 UI 控件，了解了 Activity、Intent、Service、ContentProvider 和 SQLite 等相关知识，但这些都只涉及手机本地信息，随着移动互联网的普及，一个应用如果缺少网络的支持，就会缺乏生命力。本章将学习 Android 的网络通信编程。

Android 的网络通信编程主要涉及：如何访问外网的数据，数据的来源可以是应用服务器、Web 服务器的某种应用服务；如何解析获取的数据，一般数据的格式为字节流、XML 格式化数据或 JSON 数据等，获取数据后，必须解析出需要的数据，才能加载到 UI 上并显示给用户；如何将解析出的数据显示在 Android 的界面中。

6.1 任务 1 HTTP 网络通信基础

1. 任务简介

本任务将介绍 HTTP 网络通信的基本概念、原理和实现方式。以获取并显示 2018 年世界杯的参赛国家名称为例，使用异步任务完成网络通信，如图 6-1 所示。

2. 相关知识

（1）Android 网络通信

目前大多数的 Android 应用离不开网络，客户端与服务端的交互，极大地拓展了应用的功能和应用范围。常用的 Android 网络编程主要有基于 Socket（套接字）的网络编程和基于 HTTP 的网络编程。

对于基于 Socket 的网络编程而言，主要是面向 Socket 进行程序设计，有些类似于 J2SE 中的 Client/Server 编程方式。所谓 Socket，是网络通信过程中端点的抽象表示，包含进行网络通信必需的 5 种信息：连接使用的协议、本地主机的 IP 地址、本地进程的协议端口、远地主机的 IP 地址以及远地进程的协议端口。应用程序与服务器通信可以采用两种模式：TCP 可靠通信和 UDP 不可靠通信。

套接字之间的连接分为 3 个步骤：服务器监听、客户端请求、连接确认。

① 服务器监听：服务器端套接字并不定位具体的客户端套接字，而是处于等待连接的状态，实时监控网络状态，等待客户端的连接请求。

② 客户端请求：指客户端的套接字提出连接请求，要连接的目标是服务器端的套接字。为此，客户端的套接字必须先描述它要连接的服务器端的套接字，指出服务器端套接字的地址和端口号，再向服务器端套接字提出连接请求。

③ 连接确认：当服务器端套接字监听到或者接收到客户端套接字的连接请求时，就响应客户端套接字的请求，建立一个新的线程，把服务器端套接字的描述发给客户端，一旦客户端确认了此描述，双方就正式建立连接。而服务器端套接字继续处于监听状态，继续接收其他客户端套接字的连接请求。

一旦建立连接，客户端和服务器端就可以通过流来进行数据的交互，非常方便，但这种方式往往需要打开服务器端的特定端口，且需要自定义通信协议。考虑到广域网的安全性和方便性，在 Android 的网络开发中较少采用这种通信方式，所以本书中的网络编程采用了基于 HTTP 的方式。

超文本传输协议（HyperText Transfer Protocol，HTTP）是互联网中应用最为广泛的一种网络协议，几乎所有的 Web 应用都遵循 HTTP。HTTP 由请求和响应构成，是一个标准的客户端/服务器模型，也就是说，当需要数据的时候，客户端向服务器发送一条请求，服务器收到请求后返回相应的数据，如图 6-2 所示。

图 6-1　获取并显示 2018 年世界杯的
参赛国家名称

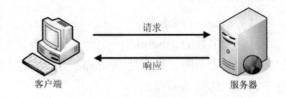

图 6-2　HTTP 的请求响应过程

HTTP 的主要特点如下。

① 简单快速：客户端向服务器请求服务时，只需传送请求方法和路径。请求方法常用的有 GET、POST。每种方法规定的客户端与服务器联系的类型不同。由于 HTTP 简单，所以 HTTP 服务器的程序规模小，通信速度很快。

② 灵活：HTTP 允许传输任意类型的数据对象，正在传输的类型由 Content-Type 加以标记。

③ 无连接：最初的 HTTP 是只支持无连接的协议，即服务器处理完客户端的请求，并收到客户的应答后，就会断开连接。采用这种方式可以节省传输时间。但是当浏览器请求一个包含多张图片的 HTML 页面时，会增加通信量的开销。为了解决这个问题，HTTP 1.1 加入了持久连接方法，即只要任意一端没有明确提出断开连接，就保持 TCP 连接状态，请求首部字段中的 Connection: keep-alive 即表明使用了持久连接。

④ 无状态：HTTP 是一种不保存状态的协议，即 HTTP 不对请求和响应之间的通信状态进行保存。所以，每当有新的请求发送时，就会有对应的新的响应产生。这样做的好处是能够更快地处理大量事务，确保协议的可伸缩性。

从 Android 6.0 开始，Google 建议使用 HttpURLConnection 类进行基于 HTTP 的网络访问操作。HttpURLConnection 基于 HTTP，支持 get、post、put、delete 等各种请求方式。

基于 HTTP 的网络通信的具体步骤如下。

① 根据 URL 创建 HttpURLConnection 对象，用于发送请求到某个应用服务器中。

```
HttpURLConnection urlConn = (HttpURLConnection) newURL(
                          "http://www.baidu.com").openConnection();
```

② 设置标志。

```
//在 post 的情况下，需要设置 DoOutput 为 true
urlConn.setDoOutput(true);
urlConn.setDoInput(true);
urlConn.setRequestMethod("POST");
//设置是否使用缓存
urlConn.setUseCache(false);
//设置 Content-type 获得输出流，便于向服务器发送信息
urlConn.setRequestProperty("Content-type","application/x-www-form-urlencoded");
```

③ 向流中写请求参数。

```
DataOutputStream dos = new DataOutputStream(urlConn.getOutputStream());
dos.writeBytes("name="+URLEncoder.encode("chenmouren","gb2312");
dos.flush();
//发送完毕后立即关闭
dos.close();
```

④ 获得输入流，读取服务器响应数据。

```
int responseCode = urlConn.getResponseCode();
if(responseCode == HttpURLConnection.HTTP_OK){
    InputStream is = urlConn.getInputStream();
    ByteArrayOutputStream baos=new ByteArrayOutputStream();
    int n=0;
    byte[] buf=new byte[1024];
```

```
    while((n=is.read(buf))!=-1){
        baos.write(buf,0,n);
    }
    String str= baos.toString("UTF-8");
    Log.i("Test",str);
}
```

⑤ 读取完毕后关闭连接。

```
urlConn.disconnect();
```

（2）多线程及 Handler

在 Android 中，通常将线程分为两种：一种称为 Main Thread，另一种称为 Worker Thread。当一个应用程序运行的时候，Android 操作系统会为该应用程序启动一个线程，这个线程就是 Main Thread，它主要用于加载 UI 界面，完成系统和用户之间的交互，并将交互后的结果展示给用户，所以 Main Thread 又被称为 UI Thread。但当用户的应用需要完成一个耗时操作时，如访问网络或进行比较耗时的运算，这种情况下如果放在 UI Thread 中，就会造成 UI Thread 阻塞，应用将不响应用户的操作，导致应用无回应（Application Not Responding，ANR）错误，应用崩溃。

因此，在 Android 中，当需要访问网络时，必须启动一个 Worker Thread。由于 Android UI 控件是线程不安全的，不允许在 UI Thread 之外的线程中对 UI 控件进行操作，因此，在 Android 的多线程编程中，有两条必须遵守的重要原则。

① 绝对不能在 UI Thread 中进行耗时的操作，不能阻塞 UI Thread。

② 不能在 UI Thread 之外的线程中操作 UI 控件。

常用的解决方案有两种：一种是使用 Handler+多线程方式（相关知识请参照第 5 章任务 4 的内容）；另一种则是使用异步任务方式。本章主要采用异步任务方式。

（3）异步任务

异步任务（AsyncTask）简单来说就是 Android 提供的一个多线程编程的框架，可以将耗时的操作放在 AsyncTask 中执行，并随时将任务执行的结果返回给 UI Thread 然后更新 UI 控件。通过 AsyncTask 可以轻松地解决多线程之间的通信问题。

AsyncTask 是一个抽象类，要使用它需要先定义一个类且此类继承自 AsyncTask 类，并实现 doInBackground()方法。简单来说，使用 AsyncTask 要学习 3 个泛型和 4 个方法。

首先来看 3 个泛型，当定义类 MyTask 继承自 AsyncTask 类时，需要指定以下 3 个泛型。

```
AsyncTask<Params, Progress, Result>
```

① Params：指定当执行异步任务时传入的参数类型，描述在执行 AsyncTask 时需要传入的参数，可用于后台任务。

② Progress：指定异步任务执行时返回给 UI 线程的进度信息的类型。后台任务执行时，如果需要在界面中显示当前的进度，则使用这里指定的泛型作为进度类型；如果没有，则指定为 Void 类型。

③ Result：指定异步任务执行完毕后返回给 UI 线程的结果的类型。当任务执行完毕后，如果需要对结果进行返回，则使用这里指定的泛型作为返回值类型。

例如，自定义异步任务类 MyTask，输入值为 String 类型，没有进度值信息，返回值类型为 String，则代码如下。

```
class MyTask extends AsyncTask<String,Void,String> {
......

    }
```

下面来看 4 个方法。

① onPreExecute()：该方法是在执行异步任务之前执行的，并且是在 UI Thread 中执行的，通常用于进行一些 UI 控件的初始化操作，如打开 ProgressDialog 等。

② doInBackground(Params... params)：在 onPreExecute()方法执行完毕后，会马上执行该方法，该方法用于处理异步任务，Android 操作系统会在后台的线程池中开启一个工作线程来执行该方法，并将执行完成的结果发送给 onPostExecute()方法。在该方法中通常放一些耗时的操作，如访问网络、获取数据等。

③ onProgressUpdate(Progress values)：该方法也是在 UI Thread 中执行的，在异步任务执行时，有时需要将执行的进度返回给 UI 界面，如下载一张网络图片时，若需要时刻显示下载的进度，就可以使用该方法来更新进度。注意，具体的进度值需要在 doInBackground()方法中调用 publishProgress(Progress)方法传递过来。

④ onPostExecute(Result result)：当异步任务执行完毕之后，就会将结果返回给该方法，该方法也是在 UI Thread 中调用的，可以将返回的结果显示在 UI 控件上。

V6-1　HTTP 网

络通信基础

3. 任务实施

（1）本章学习 HTTP 网络通信，因此需要搭建服务器端。服务器端项目 SoccerApp.rar 请从人民邮电出版社的人邮教育社区本书详情页中下载并解压（这里解压到磁盘 D 中），打开"Internet Information Services（IIS）管理器"窗口，如图 6-3 所示。注意，本项目要求服务器端安装 IIS 和.NET Framework 4.5。

图 6-3　"Internet Information Services(IIS)管理器"窗口

（2）停用默认网站，右键单击"网站"节点，在弹出的快捷菜单中选择"添加网站"选项，如图 6-4 所示。

图 6-4 选择"添加网站"选项

（3）打开"添加网站"对话框，设置相关信息，如图 6-5 所示。单击"确定"按钮，完成新网站的设置。

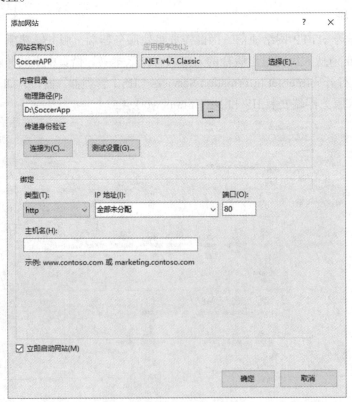

图 6-5 "添加网站"对话框

（4）此时弹出确认对话框，如图 6-6 所示，单击"是"按钮即可。操作完成后的效果如图 6-7 所示。

图 6-6 确认对话框

图 6-7 操作完成后的效果

（5）打开浏览器，在地址栏中输入网址 http://10.1.102.44/SoccerDataHandler.ashx?action=
getTeamStr，按回车键，测试服务器端是否工作正常，正常情况如图 6-8 所示。注意：
10.1.102.44 为本书发布网站的主机 IP 地址。

图 6-8 服务器端工作正常

（6）打开 Android Studio，新建项目 HttpTest，打开 activity_main.xml，切换到 Design
模式，拖动 ListView 到界面中，设置相应约束，同时，设置 TextView 的 ID 为 tvNoData，
Text 属性值为"没有数据"，界面布局效果及结构如图 6-9 所示。

（7）打开 MainActivity.java，输入代码，找到界面中的相关控件，如以下代码中粗
体部分所示。其中，lvCountry.setEmptyView(tvNodata)用于设置当 ListView 中没有数据
时显示的内容。

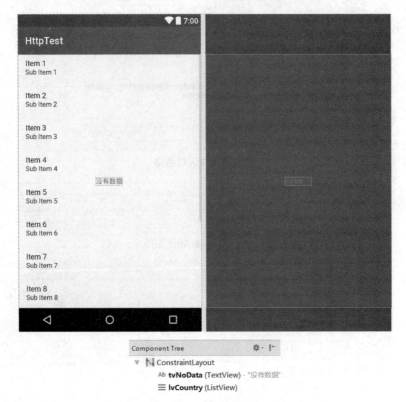

图 6-9 界面布局效果及结构

```java
public class MainActivity extends AppCompatActivity {
    private TextView tvNodata;
    private ListView lvCountry;

    @Override
    protected void onCreate(Bundle savedInstanceState) {
        super.onCreate(savedInstanceState);
        setContentView(R.layout.activity_main);
        tvNodata= (TextView) findViewById(R.id.tvNoData);
        lvCountry= (ListView) findViewById(R.id.lvCountry);
        lvCountry.setEmptyView(tvNodata);
    }
}
```

（8）下面来访问服务器端，将获取的国家名称字符串用 ListView 显示。这里使用异步任务来实现此功能。首先，新建类 StrGetTask，其继承自 AsyncTask 类，并指定相关泛型，重写相关方法（这里重写两个方法），代码如下。

```java
public class StrGetTask extends AsyncTask<String,Void,String> {
    @Override
    protected String doInBackground(String... params) {
        return null;
```

```
    }

    @Override
    protected void onPostExecute(String s) {
        super.onPostExecute(s);
    }
}
```

（9）在 doInBackground(String... params)方法中访问服务器端，并获取返回数据，代码如下。

```
protected String doInBackground(String... params) {
    try {
        HttpURLConnection con= (HttpURLConnection) new
                                        URL(params[0]).openConnection();
        int code=con.getResponseCode();
        if(code==HttpURLConnection.HTTP_OK){
            InputStream is=con.getInputStream();
            ByteArrayOutputStream baos=new ByteArrayOutputStream();
            int n=0;
            byte[] buf=new byte[1024];
            while((n=is.read(buf))!=-1){
                baos.write(buf,0,n);
            }
            String str= baos.toString("UTF-8");
            Log.i("Test",str);
            return str;
        }

    } catch (IOException e) {
        e.printStackTrace();
    }
    return null;
}
```

（10）在 onPostExecute(String s)方法中，将获得的数据显示在 ListView 中。由于 StrGetTask 类是一个外部类，无法访问 MainActivity 类中的 lvCountry，因此，需要将数据集合和相关的 adapter 对象传入 StrGetTask，使用 adapter 的 notifyDataSetChanged()方法刷新 ListView 中的数据。修改 StrGetTask 类的代码，添加两个成员变量，定义带参数的构造器方法初始化这两个成员变量，如以下代码中粗体部分所示。

```
public class StrGetTask extends AsyncTask<String,Void,String> {
    private List<String> list;
    private ArrayAdapter<String> adapter;
```

```
    public StrGetTask(List<String> list, ArrayAdapter<String> adapter) {
        this.list = list;
        this.adapter = adapter;
    }
//以下代码不变，故省略
}
```

（11）修改 onPostExecute(String s)方法中的代码，刷新 ListView 中的数据，代码如下。

```
protected void onPostExecute(String s) {
    if(s!=null){
        List<String> strList= Arrays.asList( s.split(","));
    list.clear();
        list.addAll(strList);
        adapter.notifyDataSetChanged();
    }
}
```

（12）此时，完成了异步任务的编写，切换到 MainActivity.java 中，修改相关代码，调用异步任务，实现网络访问，如以下代码中粗体部分所示。

```
public class MainActivity extends AppCompatActivity {
    private TextView tvNodata;
    private ListView lvCountry;
    private List<String> list;
    private ArrayAdapter<String> adapter;

    @Override
    protected void onCreate(Bundle savedInstanceState) {
        super.onCreate(savedInstanceState);
        setContentView(R.layout.activity_main);
        tvNodata= (TextView) findViewById(R.id.tvNoData);
        lvCountry= (ListView) findViewById(R.id.lvCountry);
        lvCountry.setEmptyView(tvNodata);

list=new ArrayList<String>();
        adapter=new ArrayAdapter<String>(this,
                R.layout.support_simple_spinner_dropdown_item,list);
        lvCountry.setAdapter(adapter);
        new StrGetTask(list,adapter).execute(
                "http://10.1.102.44/SoccerDataHandler.ashx?action=getTeamStr");
    }
}
```

（13）切换到 AndroidManifest.xml 文件，在"manifest"节中配置网络访问权限，代码如下。

```
<uses-permission android:name="android.permission.INTERNET">
</uses-permission>
```

（14）单击工具栏中的 ▶ 按钮，运行程序，运行效果如图 6-1 所示。

6.2　任务 2　JSON 数据处理

1. 任务简介

本章任务 1 演示了如何通过 HTTP 从服务器端获取简单的字符串信息，但有时需要获取的信息较为复杂，如获取一张表的数据。对于复杂数据的表示，常用的方式有 XML 和 JSON（JavaScript Object Notation，JS 对象简谱）。本任务将利用 JSON 来传递数据，主要涉及 JSON 数据的解析、网络图片的获取等技术，实现效果如图 6-10 所示。

2. 相关知识

（1）JSON 简介

JSON 是一种轻量级的数据交换格式。它基于 ECMAScript（欧洲计算机制造联合会制定的 JS 规范）的一个子集，采用完全独立于编程语言的文本格式来存储和表示数据。简洁、清晰的层次结构使得 JSON 成为理想的数据交换语言，并广泛应用于服务器端与客户端的数据交互。

图 6-10　实现效果

JSON 基本语法规则比较简单，主要有以下几条。

① 数据在键/值对中。

② 数据由逗号分隔。

③ 大括号用于保存对象。

④ 中括号用于保存数组。

JSON 对象在大括号中书写，一个对象可以包含多个 key/value（键/值）对，key 和 value 间使用冒号分割，各个 key/value 对间使用逗号分隔。其中，key 必须是字符串，value 可以是合法的 JSON 数据类型（字符串、数字、对象、数组、布尔或 null）。例如，{"name" : "张三"}。

JSON 数组在中括号中书写。在 JSON 中，数组中的各元素必须是合法的 JSON 数据类型（字符串、数字、对象、数组、布尔或 null）。例如，["张三","李四","王五"]。

在实际应用中，对于复杂的数据类型，还需要嵌套使用对象和数据，具体见如下示例。

```
{
    "groupname": "第一组",
    "teacher": {
        "teanum": "20001030",
```

```
            "teaname": "李老师"
    },
    "students": [
        {
            "stunum": "18102115",
            "name": "张三",
            "age": 18,
            "sex": "男"
        },
        {
            "stunum": "18102116",
            "name": "李四",
            "age": 19,
            "sex": "女"
        }
    ]
}
```

（2）使用 Gson 解析 JSON 数据

Gson（又称 Google Gson）是 Google 公司发布的一个开放源代码的 Java 库，主要用于序列化 Java 对象为 JSON 字符串，或反序列化 JSON 字符串为 Java 对象。针对这两个用途，Gson 提供了以下两个基础方法。

① toJson()方法：实现序列化操作，即将 Java 对象序列化为 JSON 字符串。数据通过服务器端发送给客户端时，需要将相应的数据对象序列化为 JSON 字符串，以方便网络传输。

② fromJson()方法：实现反序列化操作，即将 JSON 字符串反序列化为 Java 对象。客户端收到服务器端发送过来的 JSON 字符串，需要将其反序列化为 Java 对象，以方便在 Android 程序中使用。

下面通过一个简单的例子来展示如何使用 Gson 序列化和反序列化 Java 对象。

首先，打开 Android Studio，新建项目"Ex06_GsonTest"，在布局文件 activity_main.xml 中添加相应的控件，界面布局如图 6-11 所示。

其次，定义实体类 Student，代码如下。

```java
public class Student {
    private String StuNum;
    private String StuName;
    private int StuAge;

    public Student(String stuNum, String stuName, int stuAge) {
        StuNum = stuNum;
        StuName = stuName;
        StuAge = stuAge;
```

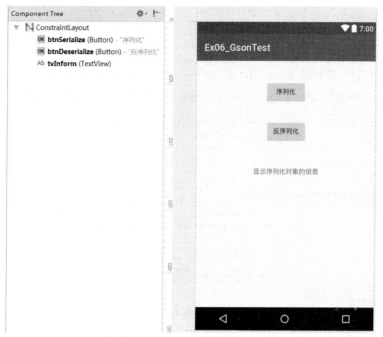

图 6-11 界面布局

```
    }

public String getStuNum() {
    return StuNum;
}

public void setStuNum(String stuNum) {
    StuNum = stuNum;
}

public String getStuName() {
    return StuName;
}

public void setStuName(String stuName) {
    StuName = stuName;
}

public int getStuAge() {
    return StuAge;
}

public void setStuAge(int stuAge) {
```

```
        StuAge = stuAge;
    }
}
```

为了使用 Gson，需要将 Gson 引入到项目中，打开 build.gradle 文件，找到 "dependencies" 节，输入代码 "compile 'com.google.code.gson:gson:2.8.2'"，配置 Gson 环境，如图 6-12 所示。

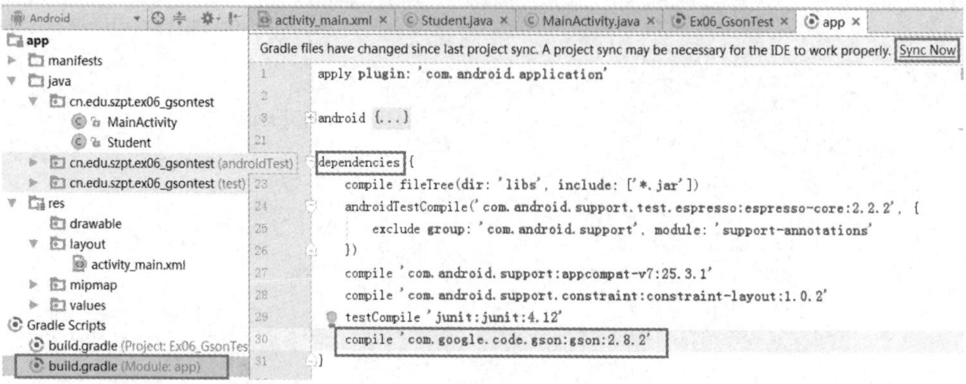

图 6-12　配置 Gson 环境

单击图 6-12 中右上角的 "Sync Now" 超链接，Android Studio 会自动实现对 Gson 的引用。

最后，打开 MainActivity.java 文件，实现序列化功能，即当用户单击 "序列化" 按钮时，将使用 Gson 将一个 Student 对象序列化并输出到 TextView 中，代码如下。

```java
public class MainActivity extends AppCompatActivity {
    private Button btnSerialize;
    private Button btnDeserialize;
    private TextView tvInform;

    @Override
    protected void onCreate(Bundle savedInstanceState) {
    super.onCreate(savedInstanceState);
    setContentView(R.layout.activity_main);
    btnSerialize = (Button) findViewById(R.id.btnSerialize);
    btnDeserialize= (Button) findViewById(R.id.btnDeserialize);
    tvInform = (TextView) findViewById(R.id.tvInform);
    btnSerialize.setOnClickListener(new View.OnClickListener() {
            @Override
            public void onClick(View v) {
                Student student = new Student("18010001","张三",18);
                Gson gson = new Gson();
                tvInform.setText(gson.toJson(student));
            }
        });
```

```
        }
    }
```

序列化运行效果如图 6-13 所示。

图 6-13　序列化运行效果

在 MainActivity.java 文件中实现反序列化功能，即当用户单击"反序列化"按钮时，将使用 Gson 将一个 JSON 字符串转换为 Student 对象，并将相关信息输出到 TextView 中，如以下代码中粗体部分所示。

```
public class MainActivity extends AppCompatActivity {
    //此处省略部分代码
    @Override
    protected void onCreate(Bundle savedInstanceState) {
    super.onCreate(savedInstanceState);
    setContentView(R.layout.activity_main)
        //此处省略部分代码
    btnDeserialize.setOnClickListener(new View.OnClickListener() {
    @Override
    public void onClick(View v) {
    String json="{\"StuName\":\"李四\",\"StuNum\":\"18010002\",
    \"StuAge\":17}";
    Gson gson=new Gson();
    Student student = gson.fromJson(json,Student.class);
    tvInform.setText("生成 Student 对象："+ student.getStuName()+ "成功");
        }
    });
    }
}
```

反序列化运行效果如图 6-14 所示。

V6-2　JSON 数
据处理

图 6-14　反序列化运行效果

3. 任务实施

（1）打开 Android Studio，新建项目"SoccerTeams"，打开布局文件 activity_main.xml，切换到 Design 模式，拖动 ListView 到界面中，设置相应约束，同时，设置 TextView 的 ID 为"tvNoData"，Text 属性值为"没有数据"，activity_main 界面布局如图 6-15 所示。

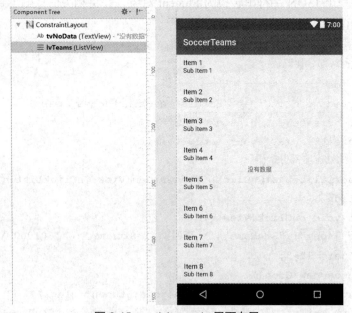

图 6-15　activity_main 界面布局

（2）根据图 6-10 所示的效果，将 logo.png、soccer.png 和 good1.jpg 图片复制到 res/drawable 目录中。在 res/layout 目录中，新建 ListView 数据项的布局文件 item_team.xml，切换到 Design 模式，拖动相应控件到界面中，并设置相应属性，ListView 数据项的布局效果及结构如图 6-16 所示。

图 6-16 ListView 数据项的布局效果及结构

（3）打开浏览器，在地址栏中输入网址 http://10.1.102.44/SoccerDataHandler.ashx?action= getTeamWithFlagList，按回车键，测试服务器端是否工作正常，正常情况下，服务器端会返回数据，如图 6-17 所示。注意：10.1.102.44 为本书发布网站的主机 IP 地址。

图 6-17 服务器端返回数据

（4）由前面的相关知识可知，返回的数据是一个 JSON 格式的集合，要处理这样的数据，需要使用 Gson。参照本任务相关知识（2）中的描述，引入 Gson 2.8.2 包。

（5）通过 Gson 进行反序列化操作。先根据返回数据定义相应的实体类，对于本任务来说，返回的 JSON 数据并不复杂，完全可以手工完成实体类的定义，但对于返回数据较为复杂的情况来说，手工定义实体类可能需要耗费大量的时间和精力，且容易出错。对于这种情况，可以引入 GsonFormat 插件来自动完成实体类的定义工作。选择"File"→"Settings"选项，打开"Settings"对话框，如图 6-18 所示。选择"Plugins"选项卡，单击"Browse repositories"按钮，打开"Browse Repositories"对话框，如图 6-19 所示。搜索到"GsonFormat"，单击"Install"按钮，等待安装完成。根据系统提示，重启 Android Studio。

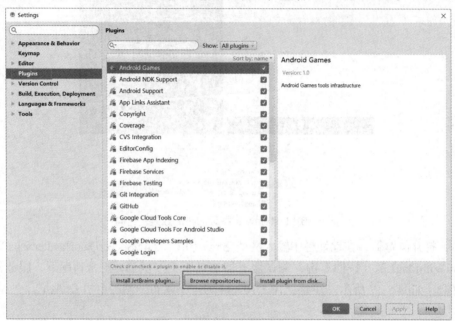

图 6-18　"Settings"对话框

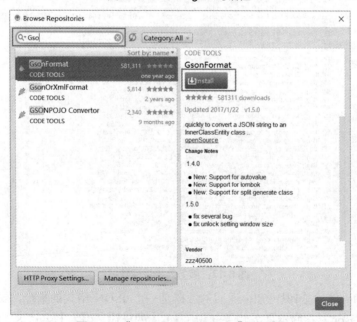

图 6-19　"Browse Repositories"对话框

（6）为方便维护管理代码，新建包 "cn.edu.szpt.soccerteams.beans"，并在该包中新建实体类 TeamBean，如图 6-20 所示。

（7）打开 TeamBean 类，按 "Alt+Insert" 组合键，在弹出的列表中选择 "GsonFormat" 选项，如图 6-21 所示。

图 6-20　新建实体类 TeamBean

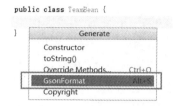

图 6-21　选择 "GsonFormat" 选项

（8）打开 "GsonFormat" 窗口，将服务器端返回的 JSON 数据粘贴到文本框中，如图 6-22 所示。

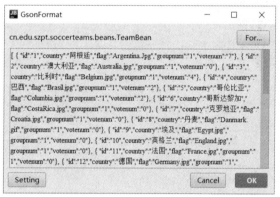

图 6-22　"GsonFormat" 窗口

（9）单击 "OK" 按钮，GsonFormat 将会自动列出 JSON 数据中的键（Key）、值（Value）、数据类型（Data Type）以及生成的实体类中建议的成员变量名称（Field Name），如图 6-23 所示。如需变动，可直接在此进行修改。

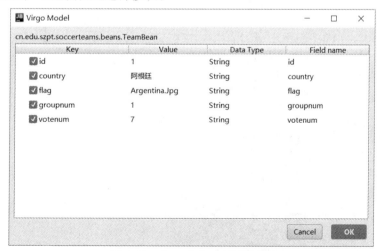

图 6-23　GsonFormat 分析结果

（10）修改完成后，单击"OK"按钮，GsonFormat 将会自动根据 JSON 数据生成实体类的代码，如下所示。

```java
public class TeamBean {

    /**
     * id : 1
     * country : 阿根廷
     * flag : Argentina.jpg
     * groupnum : 1
     * votenum : 7
     */

    private String id;
    private String country;
    private String flag;
    private String groupnum;
    private String votenum;

    public String getId() {
        return id;
    }

    public void setId(String id) {
        this.id = id;
    }

    public String getCountry() {
        return country;
    }

    public void setCountry(String country) {
        this.country = country;
    }

    public String getFlag() {
        return flag;
    }

    public void setFlag(String flay) {
        this.flag = flag;
    }
```

```
        public String getGroupnum() {
            return groupnum;
        }

        public void setGroupnum(String groupnum) {
            this.groupnum = groupnum;
        }

        public String getVotenum() {
            return votenum;
        }

        public void setVotenum(String votenum) {
            this.votenum = votenum;
        }
    }
```

（11）新建包"cn.edu.szpt.soccerteams.adapters"，并在该包中新建类 TeamAdapter，其
继承自 BaseAdapter 类，参照前面所学内容，实现相关代码，如下所示。

```
public class TeamAdapter extends BaseAdapter {
    private Context context;
    private List<TeamBean> list;

    public TeamAdapter(Context context, List<TeamBean> list) {
        this.context = context;
        this.list = list;
    }

    @Override
    public int getCount() {
        return list.size();
    }

    @Override
    public Object getItem(int position) {
        return list.get(position);
    }

    @Override
    public long getItemId(int position) {
        return position;
```

```
        }

        @Override
        public View getView(int position, View convertView, ViewGroup parent) {
            if(convertView==null){
                convertView= LayoutInflater.from(context).inflate(
R.layout.item_team,parent,false);
            }
            ImageView imgFlag= (ImageView) convertView.findViewById(
R.id.imgFlag);
            TextView tvTeam= (TextView) convertView.findViewById(
R.id.tvTeamName);
            TextView tvSupportCount= (TextView) convertView.findViewById(
R.id.tvSupportCount);
            ImageView imgGood= (ImageView) convertView.findViewById(
R.id.imgGood);
            final TeamBean bean=list.get(position);
            tvTeam.setText(bean.getCountry());
            tvSupportCount.setText(bean.getVotenum()+ "");
            return convertView;
        }
}
```

（12）修改 MainActivity.java 中的代码，如下所示。

```
public class MainActivity extends AppCompatActivity {
    private ListView lvTeams;
    private TextView tvnodata;
    private List<TeamBean> list;
    private TeamAdapter adapter;
    @Override
    protected void onCreate(Bundle savedInstanceState) {
        super.onCreate(savedInstanceState);
        setContentView(R.layout.activity_main);
        lvTeams= (ListView) findViewById(R.id.lvTeams);
        tvnodata= (TextView) findViewById(R.id.tvNoData);

        lvTeams.setEmptyView(tvnodata);
        list=new ArrayList<TeamBean>();
        adapter=new TeamAdapter(this,list);
        lvTeams.setAdapter(adapter);
    }
}
```

（13）此时，如果运行程序，将会显示"没有数据"，如图 6-24 所示。这是因为 list 集合中还没有填充数据。

图 6-24　无数据显示

（14）下面使用异步任务来从服务器端获取数据，新建包 "cn.edu.szpt.soccerteams.tasks"，并在该包中新建类 JsonGetTask，其继承自 AsyncTask 类，实现相关代码，如下所示。

```java
public class JsonGetTask extends AsyncTask<String,Object,String> {
    private List<TeamBean> list;
    private TeamAdapter adapter;

    public JsonGetTask(List<TeamBean> list, TeamAdapter adapter) {
        this.list = list;
        this.adapter = adapter;
    }

    @Override
    protected String doInBackground(String... params) {
        try {
            HttpURLConnection con= (HttpURLConnection) new URL(
                            params[0]).openConnection();
            con.connect();
            int code=con.getResponseCode();
            if(code== HttpURLConnection.HTTP_OK){
```

```
                InputStream is=con.getInputStream();
                ByteArrayOutputStream baos=new ByteArrayOutputStream();
                int n=0;
                byte[] buf=new byte[1024];
                    while((n=is.read(buf))!=-1){
                    baos.write(buf,0,n);
                }
                String json= baos.toString("UTF-8");
                return json;
            }
            con.disconnect();
        } catch (IOException e) {
            e.printStackTrace();
        }
        return null;
    }


    @Override
    protected void onPostExecute(String s) {
        if(s!=null){
            List<TeamBean> jsonList= new Gson().fromJson(s,
                        new TypeToken<List<TeamBean>>(){}.getType());
            list.clear();
            list.addAll(jsonList);
            adapter.notifyDataSetChanged();
        }
    }
}
```

（15）设置网络访问权限。打开 AndroidManifest.xml 文件，添加访问权限，如图 6-25 所示。

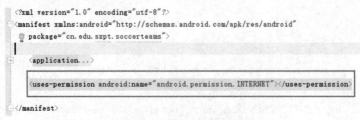

<?xml version="1.0" encoding="utf-8"?>
<manifest xmlns:android="http://schemas.android.com/apk/res/android"
    package="cn.edu.szpt.soccerteams">

    <application...>

        <uses-permission android:name="android.permission.INTERNET"></uses-permission>

</manifest>

图 6-25　设置网络访问权限

（16）单击工具栏中的▶按钮，运行程序，运行效果如图 6-26 所示。

（17）此时各国的国旗并没有显示出来，因为在服务器返回的 JSON 数据中，国旗的数据是图片的名称，无法直接在 ImageView 中显示，需要在填充每一行数据时，再启动一个异步任务，根据服务器端的路径和图片名称来获取网络中的图片。例如，获取阿根廷的数据的代码如下。

图 6-26 运行效果

```
{"id":"1",
"country":"阿根廷",
"flag":"Argentina.jpg",
"groupnum":"1",
"votenum":"7"}
```

（18）在包"cn.edu.szpt.soccerteams.tasks"中新建类 ImageGetTask，其继承自 AsyncTask 类。因为所有国家的图片都存储在同一个路径下，所以这里指定为 http://10.1.102.44/images/ 即可，在这个路径下加上图片名称，就构成了指定图片的路径。因此，这里将两个参数连接起来，从而得到具体的路径，代码如下。

```
public class ImageGetTask extends AsyncTask<String, Object, Bitmap> {
    private ImageView img;

    public ImageGetTask(ImageView img) {
        this.img = img;
    }


    @Override
    protected Bitmap doInBackground(String... params) {
        try {
            HttpURLConnection con = (HttpURLConnection) new URL(
```

```
                              params[0] + params[1]).openConnection();
            int code = con.getResponseCode();
            if (code == 200) {
                InputStream is = con.getInputStream();
                Bitmap bmp = BitmapFactory.decodeStream(is);
                return bmp;
            }
        } catch (IOException e) {
            e.printStackTrace();
        }
        return null;
    }


    @Override
    protected void onPostExecute(Bitmap bitmap) {
        if (bitmap != null)
            img.setImageBitmap(bitmap);
    }
}
```

（19）修改 TeamAdapter 的代码，在 getView()方法中添加对图片的访问，如以下代码中粗体部分所示。

```
public View getView(int position, View convertView, ViewGroup parent) {
    //此处省略部分代码
tvTeam.setText(bean.getCountry());
tvSupportCount.setText(bean.getVotenum()+ "");
new ImageGetTask(imgFlag).execute("http://10.1.102.44/images/",
                                        bean.getFlag());
    return convertView;
}
```

（20）单击工具栏中的 按钮，运行程序，运行效果如图 6-10 所示。

6.3 任务 3 图片缓存及网络延时处理

1. 任务简介

本章任务 2 演示了 Android 客户端如何利用 Gson、GsonFormat 和异步任务来处理复杂的 JSON 数据，实现了网络图片的获取和加载。由于此时服务器端和 Android 模拟器在同一台计算机中，因此网络时延几乎可以不考虑，运行比较顺畅。但是在实际应用中，网络时延往往不能忽略。本任务将模拟在具有一定时延的场景下，如何改进程序，提升用户体验。

相较于文字，图片占用的网络带宽较大，这里通过在获取图片的异步任务中添加一个时延，来模拟具有一定时延的网络传输环境。在 SoccerTeams 项目中，打开 ImageGetTask 异步任务，修改代码，添加 50ms 的时延，如以下代码中粗体部分所示。

```
public class ImageGetTask extends AsyncTask<String, Object, Bitmap> {
//省略部分代码


    @Override
    protected Bitmap doInBackground(String... params) {
        try {
//省略部分代码
            if (code == 200) {
                InputStream is = con.getInputStream();
                Bitmap bmp = BitmapFactory.decodeStream(is);
                Thread.sleep(50);
                return bmp;
            }
        } catch (IOException | InterruptedException e) {
            e.printStackTrace();
        }
        return null;
    }
//省略部分代码
}
```

此时，在快速上下滑动 ListView 的过程中，可以发现对应的国旗显示有明显的时延且会出现错位的情况，如图 6-27 所示，其中：图 6-27（a）为滑动停止一段时间后显示的正确图像；图 6-27（b）为在滑动刚刚停止时显示的错位图像。

（a）　　　　　　　　　　　　　　（b）

图 6-27　国旗图像的正确显示与错位显示

2. 相关知识

（1）ListView 中图片错位原因的分析

在使用 ListView 的过程中，可以发现 ListView 可以轻松加载成千上万条数据，且不会发生 OOM（内存溢出）异常或者崩溃，甚至所占用的内存都不会随之增长。其原因就是 ListView 借助 RecycleBin 机制实现了对 convertView 的复用。ListView 复用的工作过程如图 6-28 所示。

当 ListView 向上滑动时，移出屏幕显示区的子 View 会被放到 RecycleBin 中存储起来，就像把暂时无用的资源放到回收站一样。而当底部需要显示新的 View 的时候，会从 RecycleBin 中取出一个子 View，将其作为 convertView 参数传递给 Adapter 的 getView()方法，从而实现子 View 复用的目的。如此一来，即使有成千上万条数据，所需的 View 也仅仅是固定的几个（具体数量根据屏幕分辨率确定）。

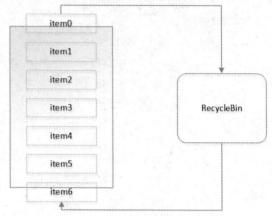

图 6-28　ListView 复用的工作过程

但复用并不会导致图片的错位，复用叠加异步操作才是图片错位的原因。可以知道，当 ListView 中有新的数据项 item 进入界面时，就会回调 getView()方法，而在 getView()方法中又会启动一个异步任务从网络中获取图片【可参考本章任务 2 任务实施的步骤（19）】，但网络操作往往是比较耗时的，也就是说，当用户快速滑动 ListView 的时候很有可能出现这样一种情况：某一个数据项 item（如 item20）进入屏幕，回调 Adapter 的 getView()方法，在该方法中启动了一个异步任务，开始从网络中请求图片（如 img20），但是还未等图片获取完成，这个数据项就被移出了屏幕。而根据 ListView 的工作原理，被移出屏幕的子 View 会很快被新进入屏幕的 item（如 item30）重新利用起来，而如果此时刚好前面发起的图片请求（img20）有了响应，就会将图片 img20 显示到本应显示图片 img30 的位置上（因为它们共用同一个 ImageView 实例），于是就出现了图片错位的情况（本应显示图片 img30 的地方显示了图片 img20）。但是新进入屏幕的 item30 也会发起一条网络请求来获取当前位置的图片，等到图片下载完成的时候会设置到同样的 ImageView 上，因此就会出现先显示图片 img20，又变为图片 img30 的情况。

了解清楚原因之后，可以提出针对性的解决方法，即当开始启动异步任务获取图片时，在异步任务中使用 ImageView 的 tag 属性记录当前 item 的特征（如 position），当异步任务完成后，需要设置图片时，先比较 ImageView 的 tag 和该异步任务中记录的值是否一致，一致则显示图片，否则丢弃获取的图片。

（2）图片缓存

当用户来回滑动 ListView 时，会发现程序会重复下载显示图片，既影响显示速度，又浪费用户的流量。那么对于这些已下载的图片，能不能把它保存在本地，下次使用时直接从本地读取呢？这就是图片缓存的思想。对于图片缓存，主要有两种级别：一种是基于内存的，另一种是基于存储器的。

基于内存的图片缓存，就是将图片缓存在内存中，这种方式的突出优点就是访问速度快，但是因为内存是有限的，而图片往往数量众多，如果不加限制，则很容易引发 OOM 异常。LruCache（LRU 指最近最少使用算法）是 Google 在 android-support-v4 包中提供的工具类，用于作为实现内存缓存技术的解决方案。这个类非常适合用于缓存图片，它的主要算法原理是把最近使用的对象用强引用存储在 LinkedHashMap 中，并且把最近最少使用的对象在缓存值达到预设定值之前从内存中移除。基于内存的图片缓存流程图如图 6-29 所示。

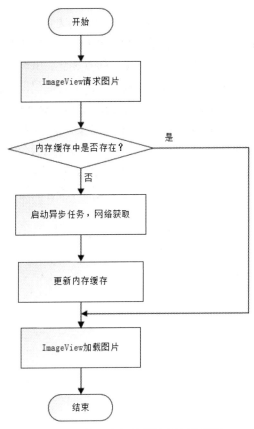

图 6-29　基于内存的图片缓存流程图

其主要操作如下。

① 创建缓存。通过构造器方法创建新的缓存实例，这里需要设置其大小，并重写 sizeOf() 方法。创建时设置的大小需要特别注意：设置得过小，会频繁地释放缓存的图片，不但没有提升用户体验的效果，反而会增加系统的开销；设置得过大，又会影响系统的稳定，容易引发 OOM 异常。通常建议将其设置为系统最大存储空间的 1/8。

```
int maxMemory = (int) (Runtime.getRuntime().totalMemory());

//使用最大可用内存值的 1/8 作为缓存的大小
int cacheSize = maxMemory/8;

cache = new LruCache<String,Bitmap>(cacheSize) {
        protected int sizeOf(String key, Bitmap value) {
```

```
        return value.getByteCount();
      }

}
```

② 图片存入缓存。通过调用 put() 方法，可以在集合中添加元素，并调用 trimToSize() 方法判断缓存是否已满，如果满了就用 LinkedHashMap 的迭代器删除队首的元素，即最近最少访问的元素。

③ 从缓存中获取图片。通过调用 get() 方法获得对应的集合元素，同时会更新该元素到队尾。

基于存储器的图片缓存就是将图片存放到存储器中，下次使用时直接从本地访问，提升用户体验。基于存储器的图片缓存与基于内存的图片缓存相比，虽然速度慢一些，但是由于在存储器中实现了图片的持久化，因此图片可以在程序下次运行时仍旧存在，避免了内存缓存需要重新访问网络的问题，同时缓存的大小可以较为充裕。DiskLruCache 就是一种常用的存储器缓存工具类，DiskLruCache 不是 Google 所写，但是得到了 Google 的推荐。其基本用法与 LruCache 类似，但因为读取存储器的时间是不可预测的，所以应该使用后台线程来加载。

在实际应用中，为了节省用户流量，提高图片加载效率，往往会将两种缓存综合起来使用，以减少不必要的网络交互，避免浪费流量。综合使用图片缓存的流程图如图 6-30 所示。

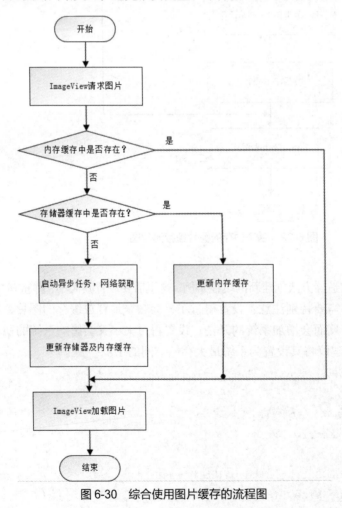

图 6-30　综合使用图片缓存的流程图

V6-3　图片缓存及
网络延时处理

3. 任务实施

（1）为了避免图片错位，先修改异步任务 ImageGetTask 中的代码，在异步任务创建时，通过构造器方法传入启动该异步任务的数据项的位置（position），在获取图片后需要将该 position 与指定的 ImageView 对象中的 tag 属性进行比较，相同则设置 ImageView 的图片，否则保持不变，如以下代码中粗体部分所示。

```
public class ImageGetTask extends AsyncTask<String, Object, Bitmap> {
    private ImageView img;
    private int position;

    public ImageGetTask(ImageView img, int position) {
        this.img = img;
        this.position = position;
    }
    //省略部分代码

    @Override
    protected void onPostExecute(Bitmap bitmap) {
        if (bitmap != null && (int)img.getTag()==position)
            img.setImageBitmap(bitmap);
    }
}
```

（2）修改 TeamAdapter 中 getView()方法中的代码，在启动 ImageGetTask 异步任务之前，利用 ImageView 对象的 tag 记录 position 值，如以下代码中粗体部分所示。

```
public class TeamAdapter extends BaseAdapter {
    //省略部分代码
    @Override
    public View getView(int position, View convertView, ViewGroup parent) {

    //省略部分代码
    imgFlag.setTag(position);
    imgFlag.setImageResource(R.drawable.soccer);
    new ImageGetTask(imgFlag,position).execute(
                    "http://10.1.102.44/images/",bean.getFlag());
    return convertView;
    }
}
```

（3）此时，运行时快速上下滑动 ListView，不会出现图片错位的问题，对应图片下载完成前，显示统一的 soccer.png 图片，如图 6-31（a）所示，图片下载完成后如图 6-31（b）所示。

（4）此时，虽然图片不会错位，但是每次滑动都需要重复连接网络，并重新下载图片，用户体验不好。为解决这个问题，采用 LruCache 在内存中实现对图片的缓存。

（a）　　　　　　　　　　　（b）

图 6-31　改进图片错位问题后的效果

（5）修改 MainActivity.java 文件，添加 LruCache 静态成员变量的定义，并在 onCreate()
方法中进行实例化操作，如以下代码中粗体部分所示。

```java
public class MainActivity extends AppCompatActivity {
    //省略部分代码
    //声明缓存引用，键为图片名，值为图片位图

    public static LruCache<String, Bitmap> cache;


    @Override
    protected void onCreate(Bundle savedInstanceState) {
        //省略部分代码
        //获取可用内存的最大值，使用内存超出这个值时会引起 OutOfMemory 异常

        int maxMemory = (int) (Runtime.getRuntime().totalMemory());


        //使用可用内存最大值的 1/8 作为缓存的大小

        int cacheSize = maxMemory/8;


        cache = new LruCache<String,Bitmap>(cacheSize){
        /*需要在这个回调方法中添加计算的逻辑，告诉框架当前的 Bitmap 占用的空间，这样结
合 maxMemory 就可以获知空间是否满了以及是否要移除旧图片*/

            @Override
            protected int sizeOf(String key, Bitmap value) {
```

```
        //直接返回位图的字节数量(每行的字节×高度)
        return value.getRowBytes()*value.getHeight()/1024;
    }
};
new JsonGetTask(list,adapter).execute(
"http://10.1.102.44/SoccerDataHandler.ashx?action=getTeamWithFlagList");
}
}
```

（6）修改 TeamAdapter 中 getView()方法的代码，在启动异步任务 ImageGetTask 之前，先判断 Cache 中有没有缓存指定的图片，有则直接显示，无则启动异步任务前去下载，如以下代码中粗体部分所示。

```
public class TeamAdapter extends BaseAdapter {
    //省略部分代码
    @Override
    public View getView(int position, View convertView, ViewGroup parent) {
        //省略部分代码
        imgFlag.setTag(position);
        imgFlag.setImageResource(R.drawable.soccer);
        //取出缓存中键为图片名的位图对象，如果没有则返回 null
        Bitmap bmp = MainActivity.cache.get(bean.getFlag());
        //如果缓存中没有指定的图片，则启动异步任务获取
        //否则直接把缓存中取出来的位图放入 ImageView
        if(bmp == null)
            new ImageGetTask(imgFlag,position).execute(
                    "http://10.1.102.44/images/",bean.getFlag());
        else
            imgFlag.setImageBitmap(bmp);
        return convertView;
    }
}
```

（7）修改异步任务 ImageGetTask 中的代码，当下载完新的图片时，将其加入缓存，如以下代码中粗体部分所示。

```
public class ImageGetTask extends AsyncTask<String, Object, Bitmap> {
    //省略部分代码
    @Override
    protected Bitmap doInBackground(String... params) {
        try {
            //省略部分代码
            Bitmap bmp = BitmapFactory.decodeStream(is);
            /*解码没有失败，bmp 不为 null 时把位图作为值放入缓存，键就是图片名*/
```

```
        if(bmp != null) {
            MainActivity.cache.put(params[1], bmp);
        }
        Thread.sleep(50);
        return bmp;
        }
    } catch (IOException | InterruptedException e) {
        e.printStackTrace();
    }
    return null;
    }

//省略部分代码
}
```

（8）此时，运行程序，上下滑动屏幕，只有第一次显示时速度较慢，以后的显示都很流畅。这里只是采用了基于内存的图片缓存策略，请读者自己尝试将内存缓存和存储器缓存综合使用。

6.4　任务 4　为支持的球队投票

1. 任务简介

本任务将实现为支持的球队投票的功能。当用户单击投票按钮时，Android 客户端向服务器端发送请求，服务器端判断该请求用户是否已登录，如为登录用户，则将投票信息记录到数据库中，否则跳转到登录界面，用户通过输入手机号和图形验证码来实现登录，如图 6-32 所示。

图 6-32　为支持的球队投票

为了实现图形验证码的验证及登录的用户信息的记录，在服务器端需要使用 Session 保存相应信息，这就需要当 Android 客户端发送 HTTP 请求时，其与服务器端保持在同一个 Session 中通信。如何使 Android 客户端与服务器端保持同一个 Session，是本任务需要解决的问题。

2. 相关知识

（1）Session 机制

HTTP 是一种无状态协议，即每次服务器端接收到客户端的请求时，都是一个全新的请求，服务器端并不知道客户端的历史请求记录。而 Session 的主要目的就是弥补 HTTP 的无状态特性。

所谓 Session 就是一种服务器端的机制，它使用一种类似于散列表的结构来保存信息。当程序需要为某个客户端的请求创建一个 Session 的时候，服务器端先检查来自这个客户端的请求的头部是否包含 Session 标识（Session ID），如果有，则说明以前已经为该客户端创建过 Session，服务器端会直接检索该 Session（如果检索不到，则会重新创建），否则，服务器端会为该客户端创建一个新的 Session，并将相应的 Session ID 返回给客户端。B/S 架构的应用广泛地使用了 Session，如登录状态的保存、购物车信息的保存等。在浏览器中，客户端能够与服务器端自动实现在同一 Session 下工作，但是，对于 Android 客户端，则需要通过程序实现。

下面通过在浏览器中观察请求和响应信息来展示 B/S 架构下 Session 的工作机制，进而得到 Android 客户端与服务器端之间实现在同一 Session 下工作的解决办法。

在 Chrome 浏览器中，按 "F12" 键，打开调试页面，在页面中可以方便地查看 HTTP 的请求和响应内容。在地址栏中输入网址 http://10.1.102.44/SoccerDataHandler.ashx?action= getTeamStr，按回车键。运行后，因为没有在服务器端使用 Session，所以在 Response Headers 中并没有 Session ID 的信息，如图 6-33 所示。

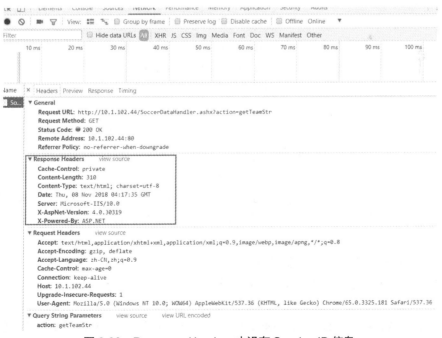

图 6-33　Response Headers 中没有 Session ID 信息

再在地址栏中输入网址 http://10.1.102.44/SoccerDataHandler.ashx?action=testSession，按回车键。在该请求的服务器端代码中设置了 Session，因此，可以在调试页面中发现 Response Headers 中相应的 Session ID，如图 6-34 所示。其中，Session ID 的命名会随着服务器端开发环境的不同而不同，如在 ASP.NET 环境下，其通常为 ASP.NET_SessionId，而在 Java 环境下，其通常为 JSESSIONID。

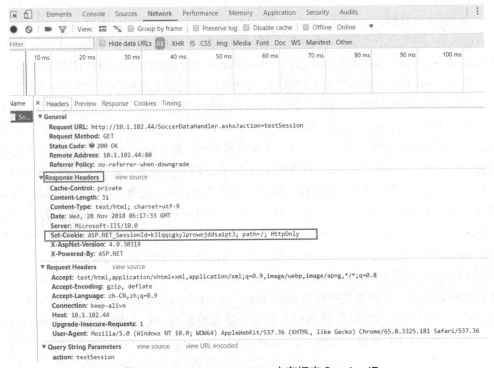

图 6-34　Response Headers 中有相应 Session ID

此时，已经在服务器端设置了 Session，在不同的页面中都能访问这些信息，那么浏览器是如何做到的呢？如果继续在这个网页中刷新，会发现 Session ID 又出现在 Request Headers 中，如图 6-35 所示。

可以发现，当在浏览器中访问网站时，浏览器在接收到服务器端的响应数据时，会自动记录 Response Headers 中有关 Session ID 的信息，下次请求服务器端时，会自动将这些信息放在 Request Headers 中，而服务器端可以获取这个 Session ID，从而知道浏览器需要访问哪个 Session 中的数据。

由此可知，若要在 Android 客户端中保持一个 Session，只需在接收服务器端响应时记录 Session ID 的值，下次访问服务器端时，将该 Session ID 的值写入 Request Headers 即可。

（2）Android 客户端向服务器端回送数据

按照 HTTP 的规定，客户端可以向服务器端回送数据，主要采用 GET 和 POST 两种方式。其中，GET 方式是把数据加到提交的 URL 中，值和表单中各个字段一一对应，如 http://10.1.102.44/SoccerDataHandler.ashx?action=testSession。这种方式实现简单，但数据对于用户是可见的，安全性差，且传输数据量较小，一般用于新闻或论坛浏览。而 POST 方式是把数据放在 Html Header 中一起传送给服务器端 URL 地址，数据对用户不可见，安全性好，且传输数据量较大，是常用的回送数据方式。本任务采用 POST 方式来回送数据给服务器端。

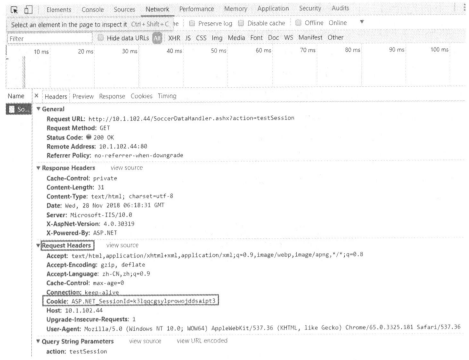

图 6-35 Session ID 出现在 Request Headers 中

其主要步骤及代码如下。

```
//创建连接对象
HttpURLConnection con = (HttpURLConnection) new URL(
                        "http://10.1.102.44").openConnection();
//设置请求方式为 POST
con.setRequestMethod("POST");
con.setDoOutput(true);
con.setDoInput(true);
con.setUseCaches(false);
con.setRequestProperty("Connection", "Keep-Alive");
con.setRequestProperty("Charset", "UTF-8");
//建立连接
con.connect();
//向服务器发送数据
OutputStream outwritestream = con.getOutputStream();
String content="username=" +username +"&vcode=" +vcode;
outwritestream.write(content.getBytes());
outwritestream.flush();
```

```
//关闭流
outwritestream.close();
```

3. 任务实施

（1）下面先介绍一下本任务中要用到的几个服务器端的接口。

① 获取验证码：无输入参数，返回值为图片形式（http://10.1.102.44/SoccerDataHandler.ashx?action=getVcode）。

② 登录请求：输入参数为 username 和 vcode，以 POST 方式提交，返回结果为 1 表示登录成功，返回结果为 300 表示验证码输入错误（http://10.1.102.44/SoccerDataHandler.ashx?action=login）。

V6-4　为支持的球队投票

③ 投票请求：输入参数为 username 和球队 ID，以 POST 方式提交，返回结果为支持的票数（http://10.1.102.44/SoccerDataHandler.ashx?action=vote）。

（2）打开 SoccerTeams 项目，利用 Toolbar 控件，修改主界面布局文件 activity_main.xml，主界面效果如图 6-36 所示。

图 6-36　主界面效果

新增的代码如以下代码中粗体部分所示。

```xml
<?xml version="1.0" encoding="utf-8"?>
<android.support.constraint.ConstraintLayout
    xmlns:android="http://schemas.android.com/apk/res/android"
    xmlns:app="http://schemas.android.com/apk/res-auto"
    xmlns:tools="http://schemas.android.com/tools"
    android:layout_width="match_parent"
    android:layout_height="match_parent"
    tools:context="szpt.edu.cn.soccerteams.activitys.MainActivity">
```

```
<android.support.v7.widget.Toolbar
        android:id="@+id/toolbar"
        android:layout_width="0dp"
        android:layout_height="wrap_content"
        android:background="@color/colorPrimary"
        android:theme="@style/ThemeOverlay.AppCompat.Dark.ActionBar"
        app:layout_constraintLeft_toLeftOf="parent"
        app:layout_constraintRight_toRightOf="parent"
        app:layout_constraintTop_toTopOf="parent"
        app:logo="@drawable/logo"
        app:popupTheme="@style/ToolbarPopupTheme"
        app:title="2018 年世界杯">


<TextView
            android:id="@+id/tvLoginState"
            android:layout_width="wrap_content"
            android:layout_height="wrap_content"

            android:layout_gravity="right"
            android:layout_marginRight="10dp"
            android:text="未登录" />
</android.support.v7.widget.Toolbar>
//此部分代码未变化，省略
</android.support.constraint.ConstraintLayout>
```

（3）打开 MainActivity.java 文件，新建两个静态变量，用于保存 Session ID 和登录用户的用户名。修改 MainActivity.java 代码，如以下代码中粗体部分所示。

```
public class MainActivity extends AppCompatActivity {
    private ListView lvTeams;
//省略部分代码
    public static String SessionID=null;
    public static String LoginUser=null;
    private Toolbar toolbar;
    private TextView tvLoginState;

    @Override
    protected void onCreate(Bundle savedInstanceState) {
        super.onCreate(savedInstanceState);
        setContentView(R.layout.activity_main);
        lvTeams= (ListView) findViewById(R.id.lvTeams);
```

```
    tvnodata= (TextView) findViewById(R.id.tvNodata);
    toolbar= (Toolbar) findViewById(R.id.toolbar);
    tvLoginState= (TextView) toolbar.findViewById(R.id.tvLoginState);

    if(LoginUser!=null){
        tvLoginState.setText(LoginUser);
    }else{
        tvLoginState.setText("未登录");
    }
    //省略部分代码
}
```

（4）新建 LoginActivity，并修改布局文件 activity_login.xml，登录界面显示效果如图 6-37
所示。

图 6-37　登录界面显示效果

（5）在包"cn.edu.szpt.soccerteams.tasks"中新建类 VCodeGetTask，其继承自 AsyncTask
类，用于获取验证码图片，相关代码如下。

```
public class VCodeGetTask extends AsyncTask<String, Object, Bitmap> {
    private ImageView img;
    public VCodeGetTask(ImageView img) {
        this.img = img;
    }

    @Override
    protected Bitmap doInBackground(String... params) {
        try {
```

```
        HttpURLConnection con = (HttpURLConnection) new URL(
                                params[0]).openConnection();

        if (MainActivity.SessionID != null) {
            con.setRequestProperty("Cookie", MainActivity.SessionID);
            con.connect();
        } else {
            //第一次运行时，记录 Session ID
            con.connect();
            con.setInstanceFollowRedirects(false);
            String session_value = con.getHeaderField("Set-Cookie");

            if (session_value != null) {
                String[] sessionId = session_value.split(";");
                while (sessionId[0].toLowerCase().indexOf("sessionid=") > -1) {
                MainActivity.SessionID = sessionId[0];
                break;
            }
        }
    }


    int code = con.getResponseCode();
    if (code == 200) {
        InputStream is = con.getInputStream();
        Bitmap bmp = BitmapFactory.decodeStream(is);

        return bmp;
    }
} catch (IOException e) {
    e.printStackTrace();
}

    return null;
}


@Override
protected void onPostExecute(Bitmap bitmap) {
    if (bitmap != null)
        img.setImageBitmap(bitmap);
}
}
```

（6）在包"cn.edu.szpt.soccerteams.tasks"中新建类 LoginTask，其继承自 AsyncTask 类，实现登录功能，相关代码如下。

```java
public class LoginTask extends AsyncTask<String,Void,String > {
    private String username;
    private String vcode;
    private Context context;

    public LoginTask(String username,  String vcode, Context context) {
        this.username = username;
        this.vcode = vcode;
        this.context = context;
    }

    @Override
    protected String doInBackground(String... params) {
        try {
            HttpURLConnection con = (HttpURLConnection)
                                    new URL(params[0]).openConnection();
            con.setRequestMethod("POST");
            con.setDoOutput(true);
            con.setDoInput(true);
            con.setUseCaches(false);
            con.setRequestProperty("Connection", "Keep-Alive");
            con.setRequestProperty("Charset", "UTF-8");
            if(MainActivity.SessionID!=null){
                con.setRequestProperty("Cookie",  MainActivity.SessionID);
            }

            //向服务器发送数据
            con.connect();
            OutputStream outwritestream = con.getOutputStream();
            String content="username=" +username +"&vcode=" +vcode;
            outwritestream.write(content.getBytes());
            outwritestream.flush();
            outwritestream.close();

            int code = con.getResponseCode();
            if (code == HttpURLConnection.HTTP_OK) {
                InputStream is = con.getInputStream();
                ByteArrayOutputStream baos = new ByteArrayOutputStream();
```

```
                    int n = 0;
                    byte[] buf = new byte[1024];
                    while ((n = is.read(buf)) != -1) {
                        baos.write(buf, 0, n);
                    }
                    String str = baos.toString("UTF-8");
                    return str;
                }

        } catch (IOException e) {
            e.printStackTrace();
        }
        return null;
    }


    @Override
    protected void onPostExecute(String s) {
        String str="";
        switch (s){
            case "300":
                str="验证码错误";
                Toast.makeText(context,str, Toast.LENGTH_LONG).show();
                break;
            case "1":
                Intent i=new Intent(context,MainActivity.class);
                MainActivity.LoginUser=username;
                context.startActivity(i);
                break;
            default:
                str="数据库操作错误";
                Toast.makeText(context,str, Toast.LENGTH_LONG).show();
                break;
        }
    }
}
```

（7）打开 LoginActivity.java，修改代码，实现登录操作，代码如下。

```
public class LoginActivity extends AppCompatActivity {
    private Button btnlogin;
    private EditText txtUserName;
    private EditText txtCode;
```

```
        private ImageView imgCode;

    @Override
    protected void onCreate(Bundle savedInstanceState) {
        super.onCreate(savedInstanceState);
        setContentView(R.layout.activity_login);
        txtUserName= (EditText) findViewById(R.id.txtUserName);
        txtCode= (EditText) findViewById(R.id.txtCode);
        imgCode= (ImageView) findViewById(R.id.imgCode);
        btnlogin= (Button) findViewById(R.id.btnLogin);
        getVCode();
        btnlogin.setOnClickListener(new View.OnClickListener() {
            @Override
            public void onClick(View v) {
                String username=txtUserName.getText().toString();
                String vcode=txtCode.getText().toString();
                new LoginTask(username,vcode,LoginActivity.this).execute(
                    "http://10.1.102.44/SoccerDataHandler.ashx?action=login");
            }
        });
    }

    private void getVCode(){
        new VCodeGetTask(imgCode).execute(
            "http://10.1.102.44/SoccerDataHandler.ashx?action=getVcode");
    }
}
```

（8）在包"cn.edu.szpt.soccerteams.tasks"中新建类 ThumbsUpTask，其继承自 AsyncTask 类，实现投票功能，相关代码如下。

```
public class ThumbsUpTask extends AsyncTask<String, Void, String> {
    private TextView tvVote;
    private int id;
    private String username;

    public ThumbsUpTask(TextView tvVote,String username, int id) {
        this.tvVote = tvVote;
        this.username=username;
        this.id = id;
    }

    @Override
```

```
protected String doInBackground(String... params) {
    try {
        HttpURLConnection con = (HttpURLConnection) new URL(
                                        params[0]).openConnection();
        con.setRequestMethod("POST");
        con.setDoOutput(true);
        con.setDoInput(true);
        con.setUseCaches(false);
        con.setRequestProperty("Connection", "Keep-Alive");
        con.setRequestProperty("Charset", "UTF-8");
        if(MainActivity.SessionID!=null){
            con.setRequestProperty("Cookie",   MainActivity.SessionID);
        }

        //向服务器发送数据
        con.connect();
        OutputStream outwritestream = con.getOutputStream();
        String content="username=" +username +"&id=" +id;
        outwritestream.write(content.getBytes());
        outwritestream.flush();
        outwritestream.close();
        int code = con.getResponseCode();
        if (code == HttpURLConnection.HTTP_OK) {
            InputStream is = con.getInputStream();
            ByteArrayOutputStream baos = new ByteArrayOutputStream();
            int n = 0;
            byte[] buf = new byte[1024];
            while ((n = is.read(buf)) != -1) {
                baos.write(buf, 0, n);
            }
            String str = baos.toString("UTF-8");
            return str;
        }

    } catch (IOException e) {
        e.printStackTrace();
    }
    return null;
}
```

```
        @Override
        protected void onPostExecute(String s) {
            if (s != null) {
                tvVote.setText(s);
            }
        }
    }
```

（9）打开包 "cn.edu.szpt.soccerteams.adapters" 中的 TeamAdapter.java，修改代码，当用户已登录，则启动投票的异步任务，否则跳转到登录界面，如以下代码中粗体部分所示。

```
public class TeamAdapter extends BaseAdapter {
//省略部分代码

    @Override
    public View getView(int position, View convertView, ViewGroup parent) {
        if(convertView==null){
            convertView= LayoutInflater.from(context).inflate(
                                        R.layout.item_team,parent,false);
        }
        ImageView imgGood= (ImageView) convertView.findViewById(R.id.imgGood);
        imgGood.setClickable(true);
        imgGood.setOnClickListener(new View.OnClickListener() {
            @Override
            public void onClick(View v) {
                if(MainActivity.LoginUser!=null)
                    new ThumbsUpTask(tvSupportCount,MainActivity.LoginUser,
                                        bean.getId()).execute(
                    "http://10.1.102.44/SoccerDataHandler.ashx?action=vote");
                else{
                    Intent i=new Intent(context, LoginActivity.class);
                    context.startActivity(i);
                }
            }
        });

        //省略部分代码
        return convertView;
    }
}
```

（10）单击工具栏中的 ▶ 按钮，运行程序，运行效果如图 6-32 所示。

6.5 课后练习

（1）在 MainActivity 中添加选项菜单，如图 6-38 所示。

图 6-38　添加选项菜单

（2）选择"登录"选项，跳转到登录界面，实现登录功能，如图 6-39 所示。

图 6-39　实现登录功能

（3）选择"注销"选项，注销登录用户，实现注销功能，如图 6-40 所示。

图 6-40　实现注销功能

提示：注销用户时，无输入参数。返回 logout 时，表示注销成功；返回其他值时，表示注销失败。网址为 http://10.1.102.44/SoccerDataHandler.ashx?action=logout。